ATLAS COMPLET

DE

CINTRES ET D'ESCALIERS

à l'usage des Ouvriers Charpentiers

PAR

JOUNQUA COUSIN

DIT JOUNQUANET

Contenant 30 Planches, chacune

son Explication et un Grand nombre de Figures.

Prix broché 6 Fr.

Chez l'Auteur à Agen.

Agen. Litho-Typographie de P. Noubel.

1848.

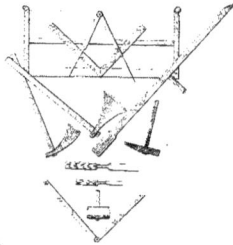

Dessiné par Jounqua

AVANT-PROPOS.

MES CHERS CONCITOYENS,

Jusqu'à ce jour, de tous les auteurs qui ont traité sur l'art de la charpente, et notamment sur cette partie réservée de l'escalier, pas un ne s'est mis encore à la portée de l'intelligence du plus simple ouvrier ; tous ont fait de belles phrases, et dans toutes leurs explications ils n'ont jamais usé que des termes géométriques, certainement très-utiles à l'ouvrier, mais ignorés presque de tous. Consultez tous ces auteurs, et vous verrez qu'ils n'ont traité que de cette manière là. Mais moi, charpentier, désireux d'être utile à mes confrères, j'ai agi différemment ; je me suis dit qu'il valait mieux à l'ouvrier un travail qui parlât aux yeux, que de faire de belles phrases et de beaux discours ; c'est ce que j'ai fait. Ainsi, le simple ouvrage que je livre au Public et dédié notamment aux Ouvriers charpentiers, se compose de tout genre d'escaliers expliqués dans les termes usités par eux ; en outre, je traite les divisions des circonférences en pans coupés, cintres et ovales, raccordements de cintres, spirales, etc. Sur la partie des escaliers, tous les détails y sont contenus et expliqués d'une manière claire et précise ; la figure et l'établissement des courbes, limons croches, doubles croches, sabots, marches, joints, crémaillères, niveau de devers, manière d'ajuster les courbes, etc ; tout est dessiné avec un soin particulier, et expliqué de la manière la plus claire. En publiant cet Atlas, mon seul but est d'être utile à mes collaborateurs ; et pour preuve de mon désintéressement, je m'engage à démontrer *gratis* chez moi ou par lettres affranchies, à celui qui ne comprendra pas parfaitement ce que je développe.

ESCALIER DROIT.

De tous les escaliers, celui qui offre le moins de difficulté à l'exécution, est celui qui est contenu entre deux murs ou cloisons, comme celui que nous offre la figure première.

Il est composé de deux *faux limons* ou *crémaillères* disposés à recevoir les marches ou contre-marches; ces *crémaillères* sont arrêtées contre les murs avec des pattes à scellement ou des pattes à pointe. Pour disposer cet escalier, ayant le *reculement* fixé par *I* et *n*, on divise cette longueur en parties égales, et tous les points de division menés d'équerre au mur, forment le devant des *girons*. Pour obtenir le *faux limon* en élévation : de ce devant de *giron* on élève une perpendiculaire suivant la ligne de milieu ou de face du mur, et on porte tous les autres points parallèles à cette perpendiculaire; sur une de ces parallèles on élève une autre perpendiculaire par un *trait carré*, et on porte les hauteurs des marches parallèles à ce *trait carré*; tous les points de rencontre forment les *crans* du *faux limon*. D'après cette élévation, il faut observer de couper le *faux limon* par le pied de l'épaisseur d'une marche et de le reculer de la saillie du *giron* et l'épaisseur d'une contre-marche, ce qui est ordinairement 0,04 centimètres de saillie de *giron*, et 0,03 centimètres d'épaisseur de contre-marche; en tout : 0,07 centimètres.

A   *Plan.*
B C   *Élévations des pieux Limon 1C.*
D   *Pieuches et autre Marchet.*

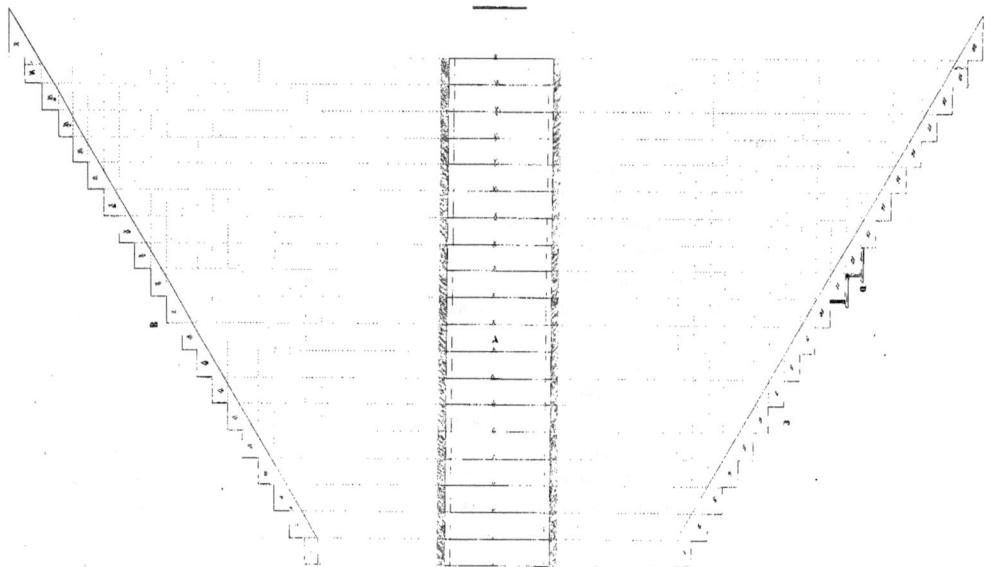

Échelle.

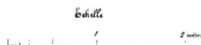

1   2 mètres

ESCALIER SUR COLONNE.

Il est contenu dans une cage dont le plan est carré : le noyau A se compose d'une pièce de bois arrondie sur toute sa longueur, couronnée par une pomme faite au tour ou à la main

Le carré de la cage étant fixé, du centre de la cage O on décrit une circonférence de la grandeur que doit avoir le noyau ; de la face du mur N, jusques à la face du noyau O, on divise cette distance en deux parties égales, et de ce point I au point du centre O, avec une ouverture de compas, on décrit une autre circonférence ; sur cette circonférence, on fait la division des marches, et de ce point de division au centre, on mène des lignes pour figurer les marches en plan I, II, III, etc. Le balancement étant opéré, on procède à l'élévation du noyau A : sur une ligne de milieu de cage, élevez une perpendiculaire indéfinie ; portez parallèles toutes les têtes de marches, et avec l'échelle de hauteur D, coupez toutes ces parallèles ; la rencontre sur chaque tête de marche fixera le devant du *giron*, et on portera en arrière de ce devant de *giron* la saillie du *giron* et l'épaisseur de la contre-marche pour faire les entailles des contre-marches, et au-dessus de la ligne de hauteur, on mettra l'épaisseur d'une marche pour fixer les entailles desdites marches.

Pour l'élévation des faux limons, (*Voyez la Planche* 8.)

PL. 2.

P.   Plan.
A.   Élévation du Noyau.
C.   Rampe du Palier.
D.   Échelle de hauteur.
1.2.3.4.5. Élévation des faux Limons.

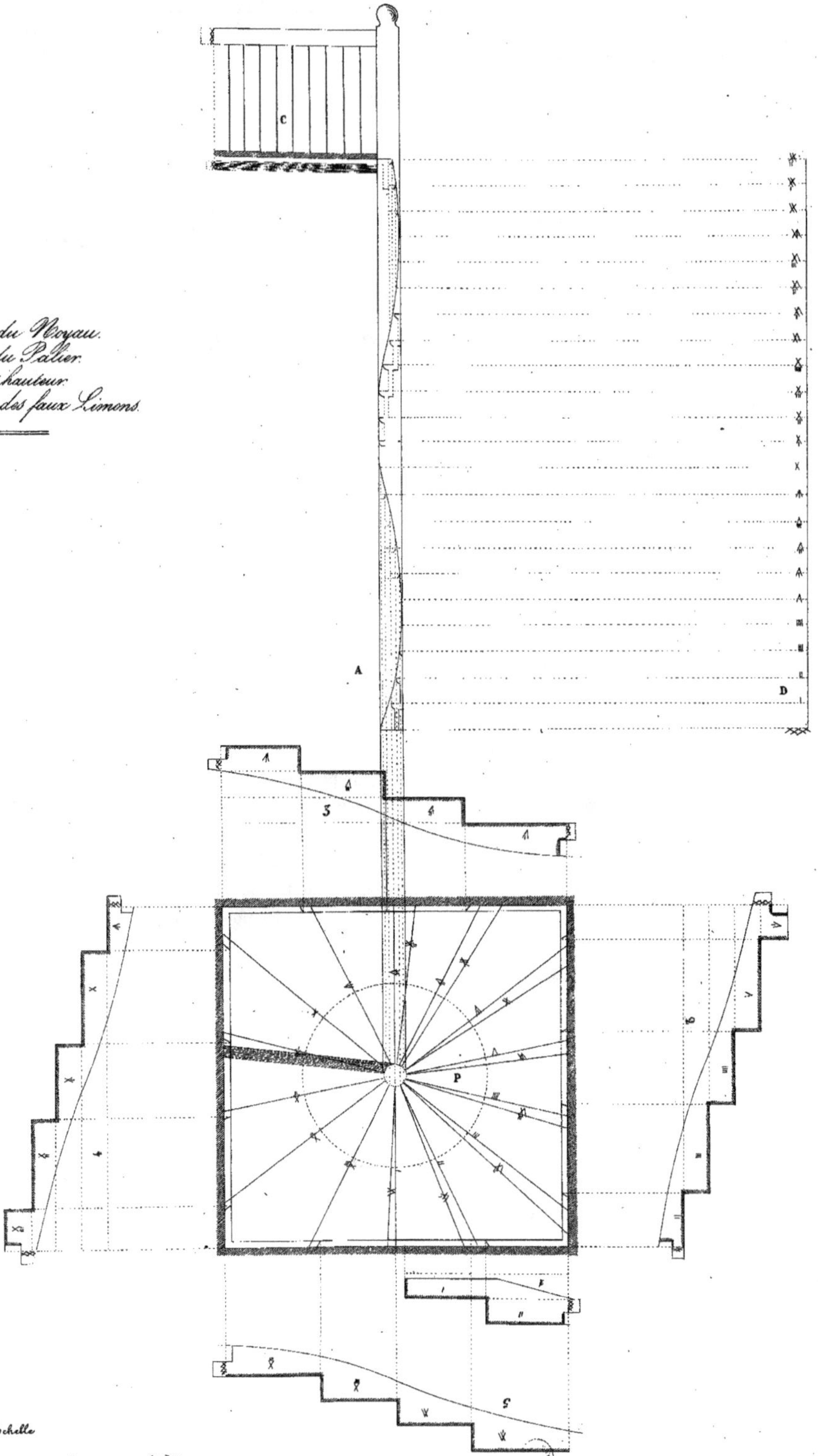

Échelle

2 mètres

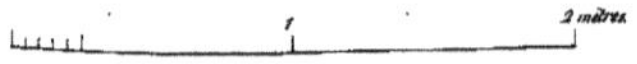

ESCALIER SUR ECHIFFRE.

Il est compris dans une cage rectangulaire; son élévation **A** se compose d'un noyau de départ **B**, d'un deuxième noyau de fond **C**, et d'un noyau d'arrivée **D**. Le *patin* **E** est posé au niveau du carreau et à tenon et mortaise dans les deux premiers noyaux, et reçoit le pied du premier *limon* **F**, aussi à tenon et mortaise. Le *limon* **F** se trouve également à tenon et mortaise dans les deux premiers noyaux. La main courante **G** est aussi à tenon et mortaise dans le premier noyau, et au-dessous du deuxième *limon* **H**, le noyau d'arrivée **D** est arrêté à la marche *palière* **O** par une entaille et un boulon à écrou ; les barreaux ou balustres **IJ** sont à tenon de leur épaisseur sur le dessus du *limon*, et au-dessous de la main courante, on fait au *limon* des entailles **R** pour recevoir les marches et contre-marches.

Pour établir et tracer cet escalier, les *élévations* faites, il faut avoir un madrier brut de la longueur du *limon* en élévation, le placer sur son élévation et faire paraître sur la face, avec un cordeau ou règle, les lignes des *girons* et des hauteurs de contre-marches: la rencontre de ces lignes formera le croisillon du *giron*; au-dessus de ce croisillon, on mettra 2 et 3 centimètres pour former un socle parallèle au-dessus des marches, et on mettra aussi parallèle à ce socle de 28 à 30 centimètres qui est la largeur ordinaire des *limons* de ce genre d'escalier. Ce *limon* étant cintré, on peut avec ce cintre de dessus se tracer la main courante; car il faut qu'elle suive le même cintre; on peut aussi la tracer avec un panneau; on pourrait également la tracer sur le plan d'élévation, etc. Mais le dessus du *limon* peut parfaitement servir de panneau; les *noyaux*, *patins* se débitent également dans des madriers de la dimension des noyaux en plan.

Le tout étant débité à la scie, on les travaille parfaitement à l'équerre sur les quatre faces, et on procède ensuite à l'*établissement*. Pour établir le tout ensemble, on place le premier noyau sur la ligne de face de niveau et de *devers*, le *patin* et le deuxième noyau de même ; on met le *limon* sur ces deux noyaux, en observant que le cintre du *limon* corresponde parfaitement au cintre de l'épure ; la main courante doit se placer de niveau au limon pour mieux recevoir les balustres ou barreaux. Le troisième noyau se place également sur sa ligne de face ; le *limon* et la main courante comme le premier; on place les barreaux de la main courante au limon, et on les divise de huit à dix centimètres dans œuvre parallèles aux noyaux. Le tout étant parfaitement sur ligne, on pique au fil-à-plomb comme si c'était un pan de bois.

Lorsque les pièces qui composent cet escalier sont ajustées ensemble, on doit donner à l'escalier une certaine élégance en faisant tourner les noyaux à colonne, pousser des moulures sur le dessus et la face des limons; on doit aussi arrondir le dessus des mains courantes en champignon. Le genre de la tournure qui convient le mieux est celui que nous offre la planche 3.

Pour le détail des faux limons, (*Voyez la Planche* 8.)

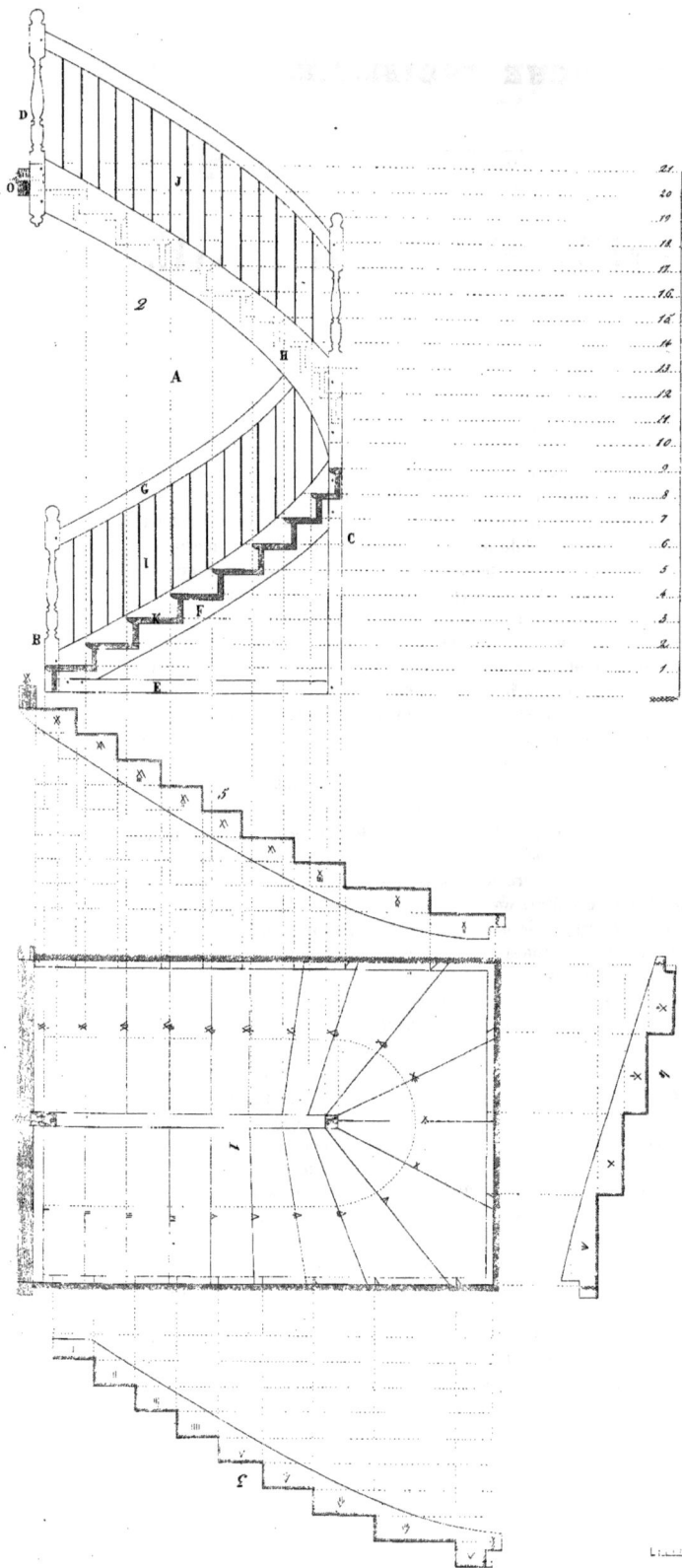

1. Plan.
2 Elevation.
3.4.5 Elevation des faux Limons.

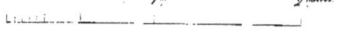

Echelle

1ᵐ   2 mètres.

ESCALIER SUR ECHIFFRE

AVEC

PALIER A BASCULES.

Dans un emplacement où il se trouve des obstacles à pouvoir placer des marches *palières*, que l'on soit obligé de faire des quarts de *paliers* pour communiquer à d'autres appartements ou décharges, on établit des *paliers* à bascule. Cette bascule **1** se compose de deux solives en chêne de 10 à 12 centimètres carrés, scellées fortement dans les murs, et un bout à tenon et mortaise dans le deuxième noyau, serré avec un boulon à écrou. Au *palier* d'arrivée, on dispose une autre bascule **2** dont les solives sont de même dimension, scellées aussi dans les murs et à tenon et mortaise dans la *plate-bande*, serrée aussi avec un boulon à écrou; on place dans l'intervalle des bascules, des solives pour recevoir le plancher.

Pour l'opération de l'échiffre, (*Voyez Planche* 3.)

Et pour les faux limons ou crémaillères, (*Voyez Planche* 8.)

D

B

11
16
15
14
13
12
11
10
9
8
7
6
5
4
3
2
1

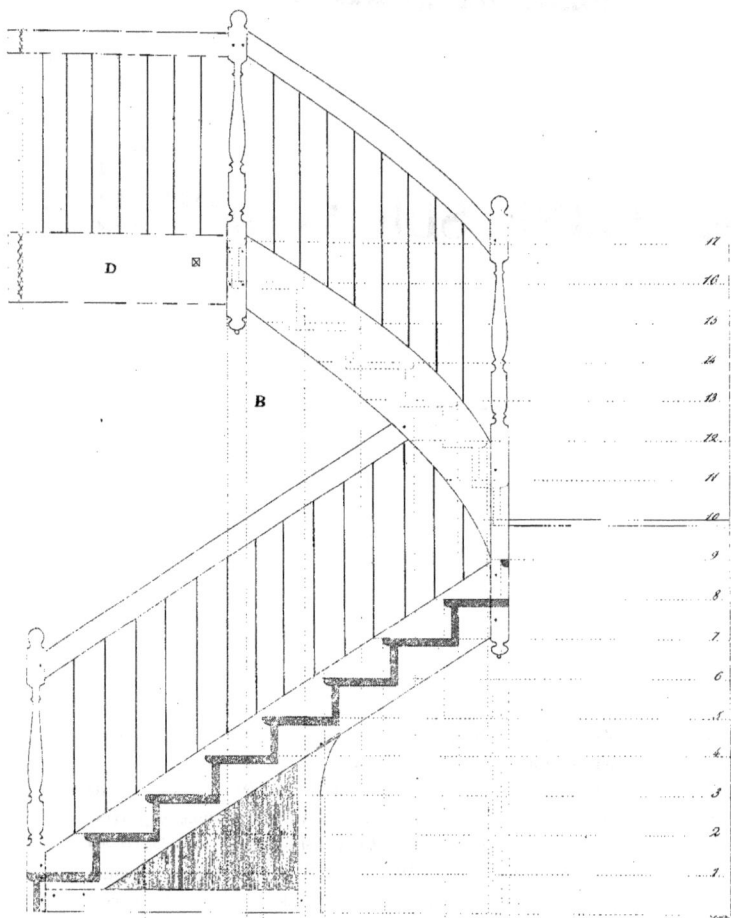

A *Plan.*
B *Élévation du chiffre.*
C.C *Paliers.*
D *Plate bande d'arrivée.*
1.2 *Bascules.*

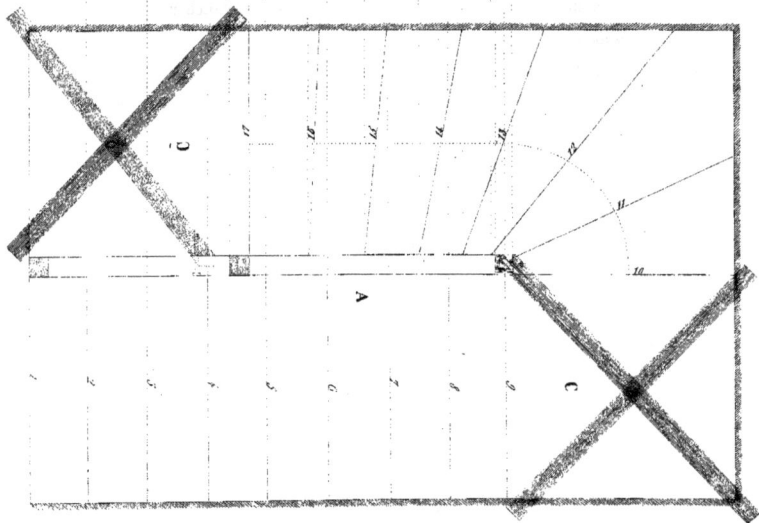

C

A

C

échelle

ESCALIER SUR ÉCHIFFRE

AVEC

RÉVOLUTION CROISÉE.

Lorsque la cage d'un escalier est un trapèze, (c'est-à-dire lorsque le départ de la cage est plus étroit que le derrière), et que l'on veut que les limons soient parallèles au mur, on fait une révolution croisée. C'est ce que présente la planche 5.

Après avoir fait les élévations; les limons, main-courante, etc., étant figurés chacun à sa place, on opère pour le tracé.

Pour établir le tout ensemble, on place le premier noyau C de niveau et de devers; on prend un niveau ou un morceau de planche 1, que l'on place sur la ligne de face du limon en plan; on élève une perpendiculaire sur la ligne O, milieu de la cage; on fait paraître cette ligne perpendiculaire, d'un coup de cordeau sur le niveau que l'on a placé sur la ligne du limon. Cette opération faite, on prend ce niveau 1, et on le porte sur le limon en élévation, en observant de le placer du côté où l'on l'a pris, c'est-à-dire que si on le prend du côté de l'*emmarchement*, on doit le reporter et le placer sur le côté du limon où les entailles doivent être faites; on prend un fil-à-plomb et on met cette ligne que l'on y a tracée perpendiculaire; cette opération vous place le limon suivant la pente qu'il doit avoir.

Le deuxième noyau D se place aussi de niveau et de devers; pour le deuxième limon on fait l'opération comme pour le premier, en observant toujours de placer son niveau en élévation sur la même face où l'on l'a pris en plan; on place aussi le troisième noyau E de niveau et devers; les mains-courantes suivent la pente des limons, et les barreaux ou balustres sont placés de niveau du limon à la main-courante. Le tout étant parfaitement sur ses lignes d'élévation, on *pique* au fil-à-plomb et on trace.

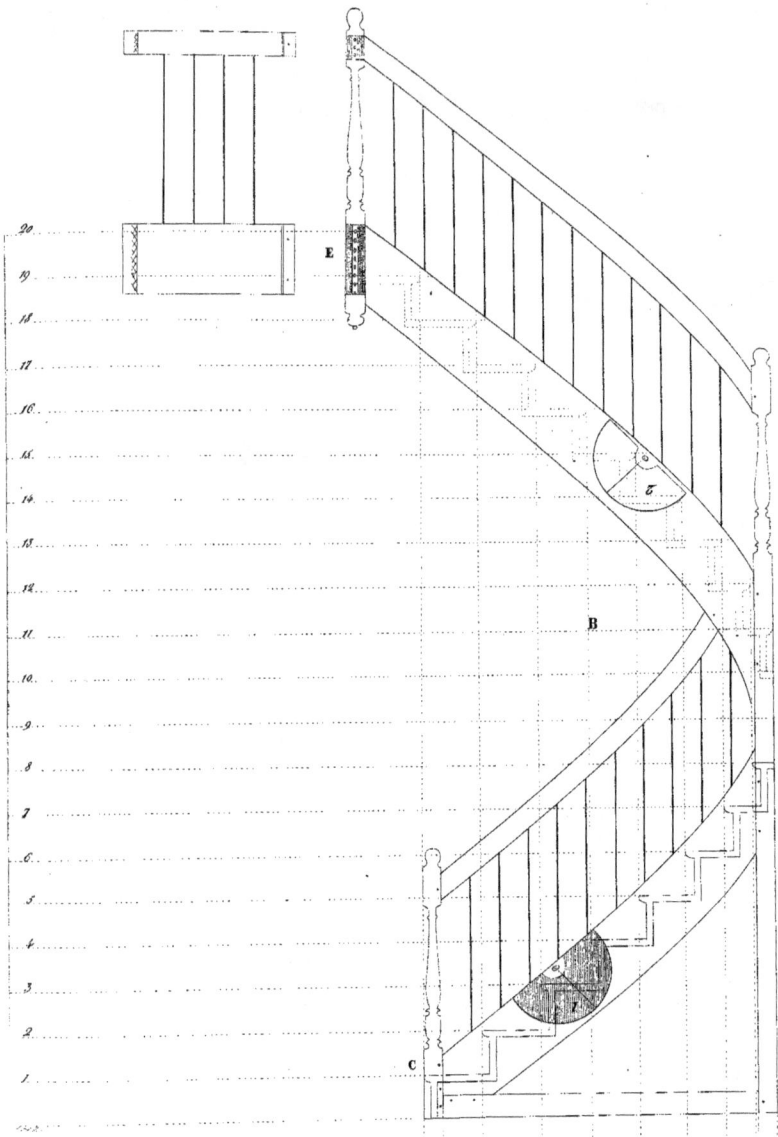

A   *Plan.*
B   *Elevation.*
1.2   *Niveaux de pente.*

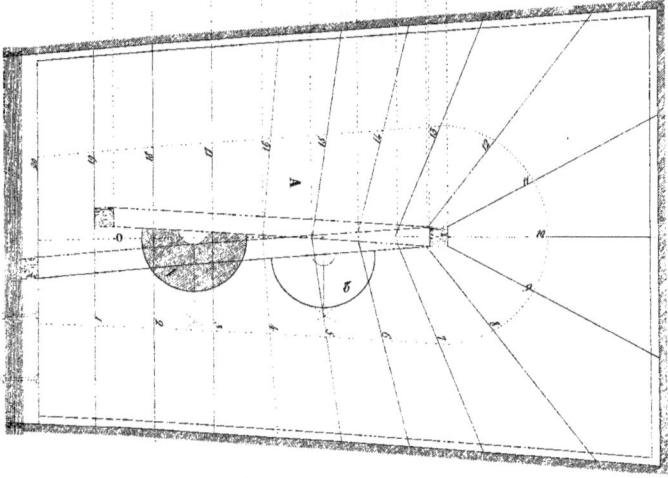

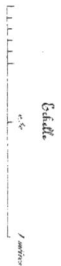

Échelle

ESCALIER

A

QUARTIER TOURNANT.

L'escalier n° 6 est un angle droit ou retour d'équerre ; on place ce genre d'escalier dans une cage où l'on ne veut occuper qu'un angle, pour laisser plus de grandeur aux appartements ; cet escalier peut se faire avec ou sans plate-bande, suivant la grandeur de la cage et la position des arrivées.

L'escalier 6 se compose d'un premier limon **A**, d'un deuxième limon **B**, en retour d'équerre ; on suppose cet escalier placé sur un carrelement ; ainsi pour éviter que le noyau, patin, etc., ne se détériorent à cause de l'humidité du carrelement, on place une première marche **M** en pierre, arrondie en volute à l'extrémité ; on construit aussi un *parpin* en maçonnerie sous le *patin* **F**, jusques au deuxième noyau.

Le premier noyau **P** prend le nom de pilastre ; il est arrêté sur la marche en pierre par un encastrement de son épaisseur ; ce pilastre peut s'assembler avec la main courante, à coupe d'équerre, avec crochet, comme il est représenté en **X**, serré avec un boulon à écrou, d'un bout, et clavette de l'autre ; on pourrait également l'assembler à trait de *Jupiter*, ou simplement à coupe carrée, avec tenon et cheville, etc.

Le faux-limon **E** se trouvant d'une longueur où il est difficile de trouver des planches pour le faire d'une seule pièce, on l'assemble en **E**, ou à la longueur des planches que l'on a, par une *entaille à repos*, et on a soin, lorsqu'on le met en place, de l'arrêter au mur avec une patte à scellement ou à pointe.

Les détails des élévations étant faits, on peut l'établir en suivant ce même tracé.

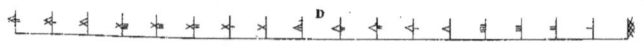

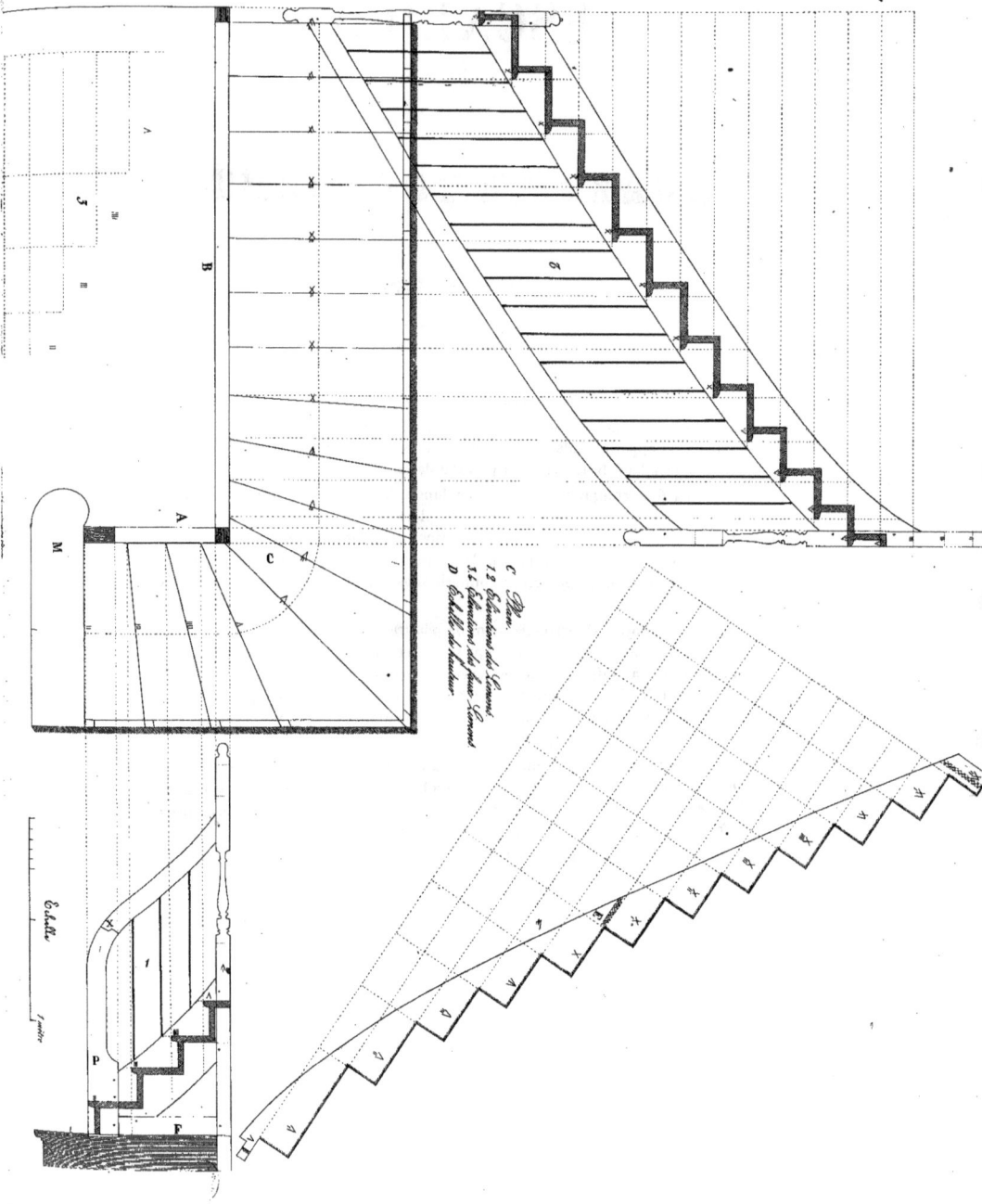

ESCALIER

QUARTIER TOURNANT BIAIS.

L'escalier n° 7 ne diffère du n° 6 que dans la position de la cage. Celui-ci se trouve placé dans une cage à angle aigu, les limons en plan étant parallèles au mur, la jonction avec le noyau forme aussi le même angle aigu; de sorte que pour établir cet escalier, il faut que le noyau n° 2 suive le biais des deux limons prolongés, de manière que le limon E se trouve à coupe maigre contre le noyau n° 2; de même que le limon F qui est aussi à coupe maigre contre ce même noyau; en mettant ce noyau sur lignes, il faut placer la face de dessus de niveau; sans cela, les coupes des limons seraient fausses.

Il arrive très-souvent qu'au lieu de mettre ce noyau n° 2 biais, on le met à l'équerre. La figure 3 nous le présente. Lorsqu'on a établi le premier limon E, qui est à coupe d'équerre, il suffit, pour établir le limon F, de prendre un niveau (1), de le placer sur la face du noyau en plan; d'un coup de cordeau, faites paraître la face du limon et élevez une perpendiculaire sur cette ligne; portez ce niveau sur le noyau que vous voulez établir; faites que le niveau soit placé sur la même face où on l'a pris, en regardant la tête du noyau; la ligne perpendiculaire le deverse, et l'alignement de la face du limon sert à le deverser pour faire les mortaises.

Pour le détail des élévations, (*Voyez les Planches* 3 *et* 8.)

---

(1) *Niveau*, planche de 30 à 40 centimètres de longueur, arrondie sur son dessus où est élevée une perpendiculaire à sa base, dont les charpentiers se servent pour mettre les pièces de niveau.

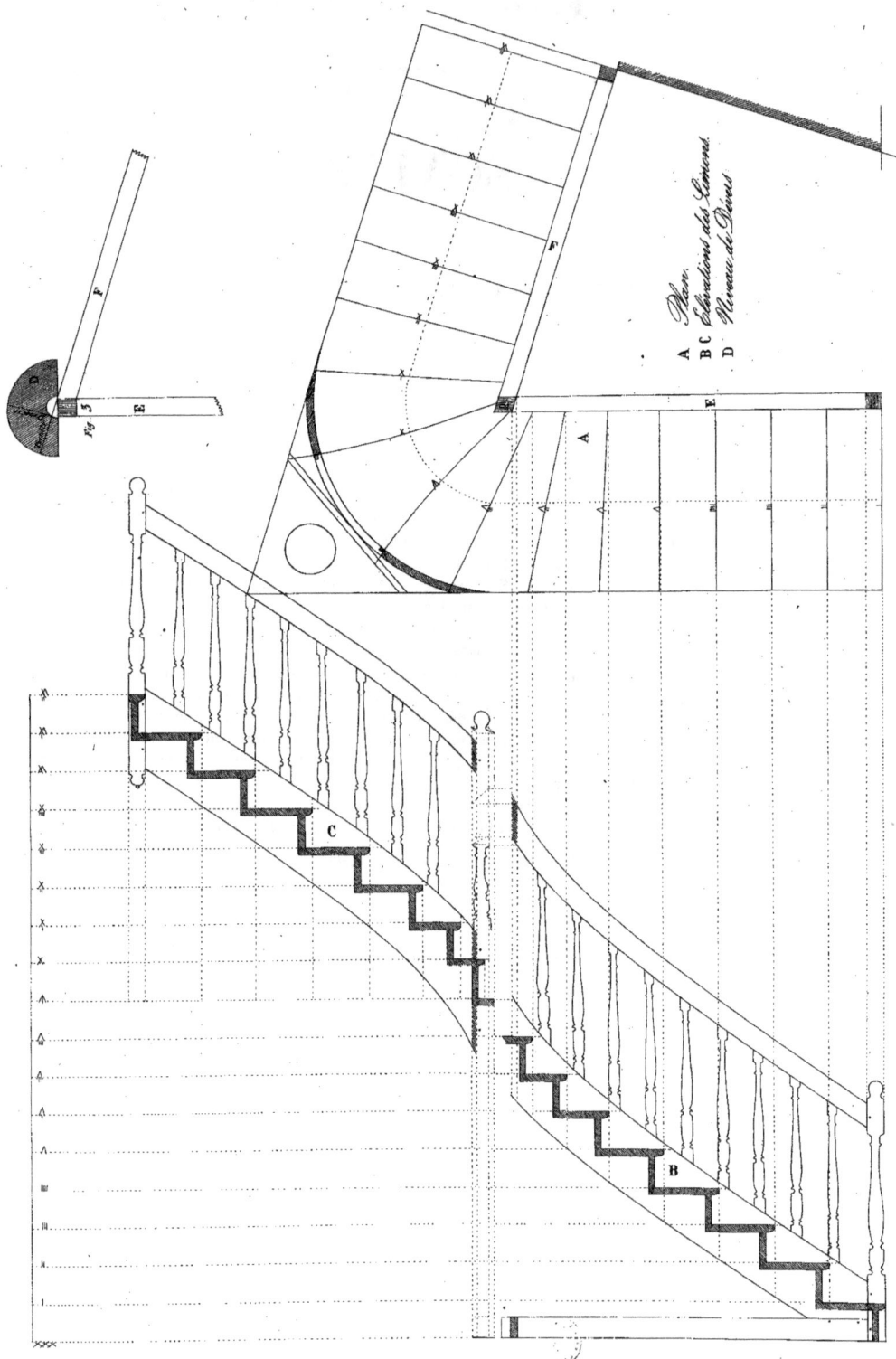

A Plan.
B C Elevations des Limons.
D Niveau de Points.

Fig 3

ESCALIER A QUATRE NOYAUX AVEC LANTERNE.

Dans une cage d'escalier, si on peut éviter de le faire sur un échiffre ou sur un noyau, on se met à l'abri de beaucoup d'inconvénients, en le faisant à quatre noyaux avec un jour ou lanterne au milieu.

D'abord, la main-courante se trouvant dégagée, on peut la suivre sans interruption, ce qu'on ne peut faire aux autres; on peut pratiquer une lanterne au comble qui éclaire entièrement l'escalier, etc.; et l'escalier par lui-même est beaucoup plus élégant et peut être placé dans des maisons de deuxième et troisième classe.

La Planche 8 nous en présente un, et nous en faisons le détail en entier, afin qu'il puisse servir d'explication pour les planches précédentes et même pour tout escalier à noyau.

Ayant les murs de la cage bâtis, le départ et l'arrivée fixés, on divise par une ligne **A** la largeur de la cage en deux parties égales; à droite et à gauche de cette ligne **A**, on porte la moitié de la largeur du jour qu'on veut laisser, en observant qu'il reste assez de largeur pour l'*emmarchement*; on fait paraître l'épaisseur du *chiffre* (1) en arrière de cette ligne; on prend la largeur du *chiffre* au mur **BC**, qu'on porte parallèle à chaque face du mur. Les épaisseurs du *chiffre* et le jour ou lanterne étant fixés, on divise encore cette largeur **BC** en deux parties égales **D**; du milieu du noyau 2, on décrit un arc de cercle. Pour raccorder les deux lignes droites, on fait la division des marches sur cette ligne droite et courbe, et on opère le balancement en tenant toujours son cordeau ou règle sur ce point de division; le balancement étant effectué, on procède à l'élévation des limons.

Sur la ligne du dedans du chiffre **C**, on élève une perpendiculaire indéfinie; on porte les têtes de marches comprises entre les deux noyaux parallèles à cette perpendiculaire; on élève aussi parallèle la face des noyaux pour servir de joint, c'est-à-dire que *patin*, limons et main-courantes se coupent sur cette ligne de joints; on prend sur l'échelle de hauteurs **E** la hauteur des contre-marches que l'on porte parallèle à la face du limon **C**, et on met autant de hauteurs de contre-marches que l'on a de marches; tous ces croisillons **P**, **R** forment le devant des girons, et on porte en arrière de ce croisillon la saillie du giron et l'épaisseur de la contre-marche; au dessous de la ligne de hauteur, on met l'épaisseur d'une marche et on trace les pas ou entailles des marches et contre-marches. Pour les autres limons, on opère de même.

Pour figurer la main-courante **F** en élévation, on porte une hauteur de 0,90 centimètres (2 pieds 8 pouces) parallèle à chaque croisillon de marche, et on lui fait suivre le même cintre qu'aux limons; il en est de même pour les autres.

La longueur des noyaux varie suivant la quantité de marches qui y sont comprises; de sorte que pour en trouver la longueur, il faut se figurer qu'un noyau n'est qu'un poinçon de ferme auquel on fait un *trait raménerai* sur la face, pour le remettre sur lignes, pour établir ou arrêter ou faîtage, etc. Ainsi, toutes les hauteurs que l'on fait paraître sur le noyau sont autant de *traits raménerai* qu'il faudra observer de replacer chacun sur son même numéro d'ordre: de manière que pour trouver la longueur du noyau de fond numéro 2, il faut prendre la hauteur de la marche ⋏ à la deuxième élévation, jusques au-dessus de la pomme, et rapporter cette longueur sur la 1ʳᵉ élévation de la marche ⋏, en *contre-haut*; de ce point jusques au carreau, est la longueur du noyau de fond numéro 2. Pour le noyau numéro 3, prenez au-dessous de la marche ⊻ de la 2ᵉ élévation la longueur jusques au *pendillar*, et reporter au-dessous de cette marche ⊻ de la 3ᵉ élévation; sur cette 3ᵉ élévation de la marche ⊻, prenez la longueur jusques au-dessus de la pomme, et reportez cette longueur en contre-haut de la marche ⊻ de la 2ᵉ élévation. Cette opération vous donne la longueur juste des noyaux; on pourrait aussi bien prendre de la marche ×, ⊻, ⊻, etc., pourvu que l'on se reporte sur la même marque de hauteur.

Lorsque le 2ᵉ noyau sera établi et tracé sur la 1ʳᵉ élévation, les hauteurs des marches ⋒, ⋏, ×, étant marquées dessus pour le ramener sur lignes, sur la 2ᵉ élévation, il faudra mettre les hauteurs ⋒, ⋏, ×, déjà marquées sur le noyau perpendiculaires avec les marques ⋒, ⋏, ×, ⊻, etc., de la 2ᵉ élévation.

Pour les crémaillères ou faux limons dits à l'anglaise :

Sur le plan, à côté de la ligne du mur **B**, on fait paraître l'épaisseur de la planche qui doit servir pour le faux limon, et en arrière des devants des girons II, III, IIII, etc.; on porte la saillie du giron et l'épaisseur de la contre-marche. et on mène une ligne parallèle au-devant de la marche; du point pris sur la ligne qui représente le faux limon, on élève une perpendiculaire indéfinie, et on porte tous les points de derrière de contre-marches jusques à la ligne du mur, parallèles à cette perpendiculaire; on prend sur l'échelle de division **D** la hauteur des contre-marches que l'on porte aussi parallèles à la ligne du faux limon en plan, et tous les croisillons représentent le derrière de la contre-marche, et on coupe le faux limon par le pied de l'épaisseur d'une marche. Pour les coupes grasses ou maigres des faux limons, on les prend à la *sauterelle*.

Pour l'établissement des marches à la sauterelle :

Prenez la longueur de la marche **N** en plan; avec la sauterelle **S**, prenez la coupe au limon, que vous portez en **V**; avec la même sauterelle, prenez la coupe au mur et reportez de même en **N**; avec le compas, prenez la largeur de la tête de marche au limon et au mur, et reportez chaque largeur sur sa coupe en **V**; rencontrez ces deux points et portez en arrière la saillie du giron.

---

(1) Nous nous servons du mot *chiffre*, parce qu'il est usité parmi les charpentiers. Le véritable mot est *échiffre*.

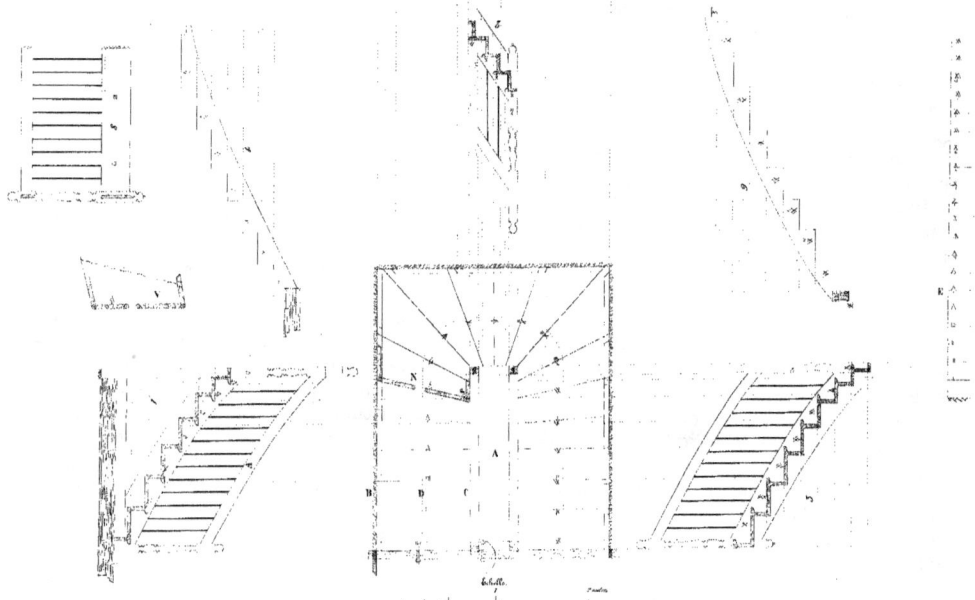

A   Plan.
1.2.3. Élévations des Limons.
4.5.6. Élévations des faux Limons.
8   Plate-bande.
E   Échelle de hauteurs.
V   Trace de Marche à la Ratelle.

Échelle

AUTRE

ESCALIER A QUATRE NOYAUX.

L'escalier n° 9 se trouve placé dans une cage rectangulaire ; pour l'exécution des limons, il n'offre pas plus de difficulté que la planche 8 ; les élévations sont à peu près les mêmes ; mais la position de l'escalier offre à l'ouvrier un peu plus de difficulté : la disposition de la porte d'entrée oblige de faire le départ de l'escalier à quartier tournant ; une deuxième porte se trouve placée à l'angle dont on est obligé de faire franchir la hauteur par le faux limon ; et enfin, une troisième porte qui se trouve à l'arrivée de l'escalier, borne pour la marche d'arrivée.

La porte n° 2 se trouve de deux mètres de hauteur, il faut que le faux limon la franchisse ; pour cela, il faut faire la division des marches en plan, et faire en sorte que la marche χ se trouve à passer à l'angle de la porte ; car de la hauteur de la douzième marche avec la tombée du faux limon, il ne reste que deux mètres de hauteur, les hauteurs des marches comprises à 0,18 centimètres. Si, par la division des marches à une largeur ordinaire, il se trouvait que ce fût la marche χ qui passât à l'angle de la porte, il faudrait élever à l'échelle les hauteurs, jusqu'à ce que de la marche χ avec la tombée du faux limon, on eût la hauteur de deux mètres, qui est la hauteur de la porte, et on diminuerait la hauteur des marches suivantes.

En général, pour calculer une hauteur, il faut figurer sur l'échelle la hauteur des portes ou des poutres où l'on est obligé de passer, et faire attention si de la marche $\wedge$, $\wedge$, $\wedge$, ou de celle qui croise la marche ou la poutre, on a la hauteur convenable à pouvoir passer sans se heurter la tête ; si cette hauteur ne s'y trouve pas, on met moins de marches ou on donne moins de hauteur aux contre-marches.

Il est aussi très-utile à l'ouvrier de savoir tracer une marche par *trait-gauchement*, car, dans plusieurs circonstances, il se trouve obligé de le faire ; ainsi la figure **E** (marche III) nous offre l'exemple.

Pour la tracer, prenez la longueur **AB** de la marche III, en plan, que vous portez sur la marche **E** en **Ă** et **B̆** ; du point **A** avec la largeur de la tête de marche **C**, décrivez l'arc **CD** ; du point **Ă**, décrivez le même arc ; prenez la droite de cet arc **CD** que vous portez en **C̆D̆**, et joignez **Ă** et **C̆** ; du point **B**, pris à l'extrémité avec la largeur **BG**, décrivez l'arc **IG** ; avec le même arc, sur la marche **E**, et du point **B̆**, décrivez l'arc **Ĭ** et **Ğ**, prenez la droite **IG** que vous portez en **Ĭ Ğ**, et joignez **Ğ B̆** ; joignez encore **C̆** et **Ğ** et portez en arrière de cette ligne la saillie du giron ; il faut aussi observer de laisser deux centimètres pour la portée de la marche au limon.

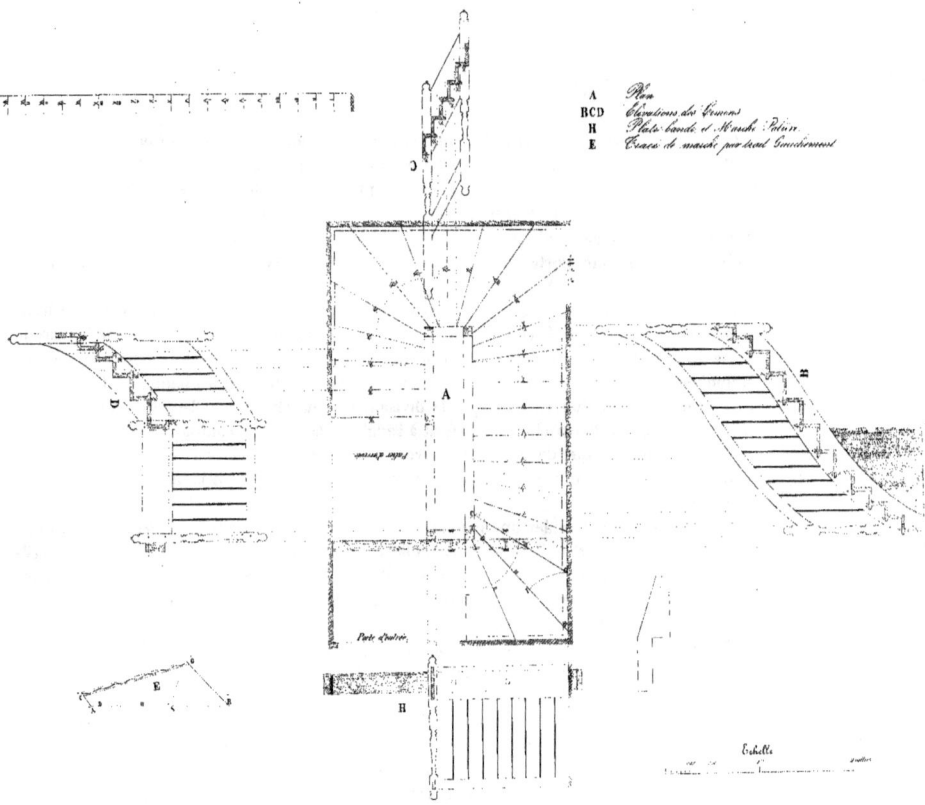

A   *Plan*
BCD   *Élévations des Giments*
H   *Plate bande et Marche Palier*
E   *Tracés de marche pour leur Gauchissement*

Échelle

PANS COUPÉS.

Dans plusieurs circonstances, l'ouvrier charpentier a besoin de savoir diviser une circonférence en parties égales ; ces divisions, que nous appelons *pans-coupés*, peuvent servir principalement lorsque l'on a une cage d'escalier circulaire , et que l'on veut placer les crémaillères ou faux limons droits; c'est-à-dire , lorsqu'on ne veut pas faire des parties courbes pour suivre cedit circulaire; alors on est obligé de le diviser en nombre de parties que l'on trouve à propos. Les six figures qui sont représentées dans la Planche 10 , nous indiquent les pans coupés les plus difficiles à l'exécution.

Fig. 1re. — *Pour construire le tiers-point ou trois pans coupés.*

Du centre **C** décrivez une circonférence; avec le même rayon, du point **O** pris à volonté, décrivez un arc de cercle ; rencontrez **A,B** avec la largeur de **A,B**; faites un *trait-carré* en **D**, et joignez **B,D** et **A,D**.

Fig. 2e. — *A cinq pans coupés.*

Menez un diamètre **AB**; du point **C** comme centre, élevez une perpendiculaire **DE**; divisez le rayon **AC** en deux parties égales; du point **O**, avec le rayon **EO** , décrivez l'arc **EN**; la ligne droite **EN** est le côté du pan coupé.

Fig. 3e. — *A sept pans coupés.*

Menez le diamètre **A,B**; du point **A** avec le rayon **A,C**, décrivez l'arc **D,E**; menez une droite de **D** en **E**, divisez-la en deux parties égales au point **F** ; et **D,F** est le côté du pan coupé.

Fig. 4e. — *A neuf pans coupés.*

Menez le diamètre **A,B**; du point **C** comme centre, élevez une perpendiculaire **D,E**; portez le rayon **C,E** sur la circonférence en **G**; avec le rayon **D,G**, décrivez l'arc **G,P** sur le diamètre **A,B** prolongé ; du point **P**, avec le rayon **D,P**, décrivez l'arc **D,N,E**, et **B,N** est le côté du pan coupé.

Fig. 5e. — *A onze pans coupés.*

Pour construire cette figure, les deux diamètres **AB**, **DE** étant menés, portez le rayon **CD** sur la circonférence en **G**, portez ce même rayon de **A** en **P** ; du point **G**, décrivez l'arc **PN**, et la droite **PN** est le côté du pan coupé.

Fig. 6e. — *Pour diviser une circonférence en autant de parties que l'on voudra.*
(*Supposons quatorze pans coupés.*)

Menez le diamètre **AB**; avec ce diamètre, par un *trait carré* **D**, formez le tiers point ou triangle équilatéral **ABD** ; divisez le diamètre en autant de parties que vous avez de pans coupés. Du point **D** au deuxième point de division , menez la ligne **DE** jusques à la rencontre de la circonférence, et **BE** est le côté du pan coupé.

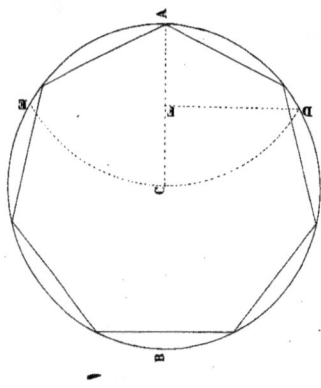

Fig. 3

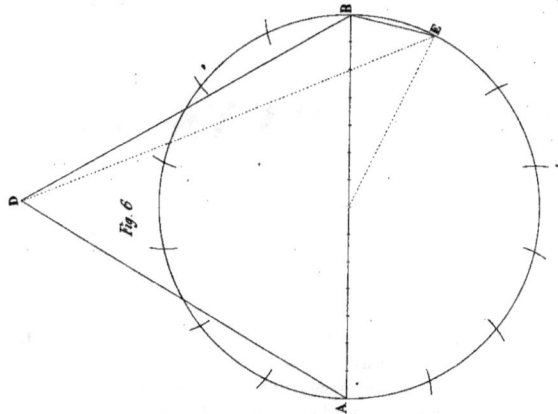

Fig. 6

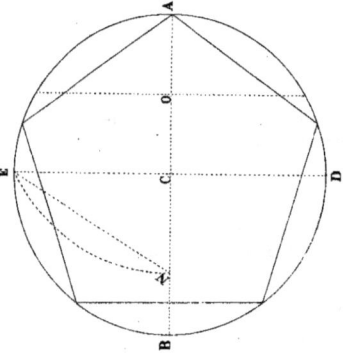

Fig. 2

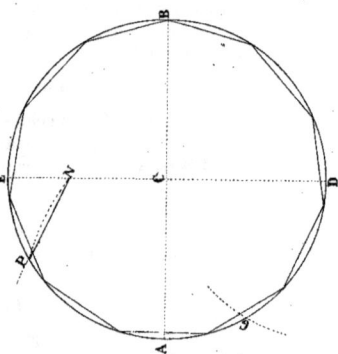

Fig. 5

Sans coupe d.

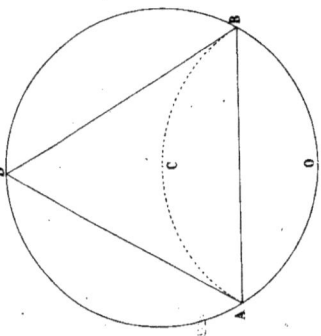

Fig. 1

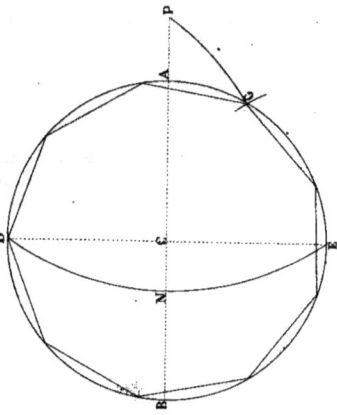

Fig. 4

CINTRES, OVALES, ELLIPSES.

Nous avons démontré à la *Planche* 10 la manière de former les polygones ou pans coupés; mais toutes les cages ne sont pas circulaires ou à pans coupés; il s'en trouve aussi qui sont d'un genre différent. Souvent, dans les escaliers à courbe, on est obligé de faire le jour ou lanterne, soit dans un genre ovale ordinaire, soit ovale elliptique ou un ovale dont la largeur, la longueur sont déterminées; le cintre surbaissé (fig. 1) nous présente la moitié d'un ovale déterminé; on peut encore faire une ellipse, mais ce genre d'ellipse n'est mis en usage que pour les grandes opérations que l'on a à faire sur le terrain: les charpentiers eux-mêmes se servent rarement de ce genre de tracé. Ainsi, j'ai représenté les genres d'ovales qui sont en partie les plus utiles à la construction.

Fig. 1re — *Cintre surbaissé.*

Ayant A B pour longueur, et C D pour hauteur, tirez les droites A D et B D; prenez la hauteur C D, que vous portez en C E; prenez A E que vous portez de D en G, des points A G, élevez une perpendiculaire F O; du point I, comme centre, décrivez l'arc A H, et du point O, comme autre centre, décrivez l'arc H D N. (Même opération pour l'autre côté.)

Fig. 2e — *Ovale elliptique.*

Pour tracer un ovale elliptique, ayant la hauteur A B, divisez cette hauteur A B en trois parties égales C et D; avec la largeur C D, formez un triangle équilatéral ou égal de côtés E F; prolongés indéfiniment; des points C et D comme centres, décrivez les arcs G B I et M A N; et des points E F comme autres centres, décrivez les arcs M G et I N.

Fig. 3e — *Ovale ordinaire.*

Pour l'ovale ordinaire, du point O comme centre, décrivez une circonférence A B C D; du diamètre A B au point C, menez deux droites A C E, B C F; avec le diamètre A B, du point B, décrivez l'arc A F; et du point A avec le même diamètre, décrivez l'arc B E; et du point C, comme centre, joignez par un arc E F.

Fig. 4e. — *Autre construction d'ovale.*

Divisez la longueur A B en trois parties égales, en E et en F; du point F, élevez un double *trait-carré*, et prolongez-le indéfiniment en J P, et décrivez la demi-circonférence Q B O; divisez encore la partie A F en trois parties égales, en S et U; prenez la longueur A U, et portez de Q en R; menez la ligne R U, sur le milieu de laquelle, par un *trait-carré*, on élève une perpendiculaire prolongée jusques à la rencontre de la ligne P; prenez la distance P O, et portez de l'autre côté de Q en J, et tirez deux droites du point U P et U J. Alors des points P et J, considérés comme centres, décrivez les arcs V Q et O X; et du point U, comme autre centre, décrivez V A X.

Fig. 5e. — *Construction d'un cintre ovale, par un ralongement de courbe.*

Sur une ligne A B, avec la hauteur du cintre figuré, décrivez une demi-circonférence; aux deux extrémités de la ligne A B, élevez deux perpendiculaires indéfinies; portez la largeur du cintre entre ces deux perpendiculaires en E et F; sur la ligne A B, élevez autant de lignes perpendiculaires que vous voudrez, et prolongez-les jusques à la ligne E F, et montez tous les points de rencontre perpendiculairement à la ligne E F; portez tous les points de hauteur, pris sur la ligne A B comme C D, et reportez cette hauteur sur la ligne E F, comme G H, et on rencontrera avec une *serce* tous ces points de hauteur, et le cintre se décrira parfaitement.

Fig. 6e. — *Ovale dit de jardinier : Ellipse.*

La longueur A B et la largeur C D, étant données avec la moitié de la longueur A B et du point C, décrivez l'arc E F; les points F E sont considérés comme centres. Ainsi, en prenant un bout de cordeau de la longueur de A B, arrêtez les deux extrémités du cordeau au point E F; prenez un crayon ou pointe à tracer, faites suivre au crayon le pli du cordeau, partant du point B; la courbe qu'il décrira en faisant le contour, sera l'ellipse.

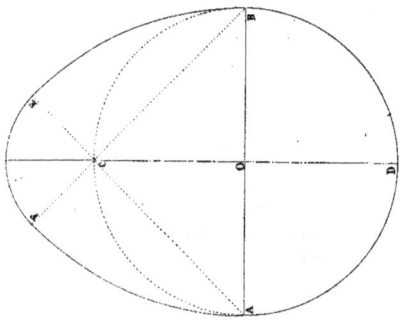

Fig. 3.

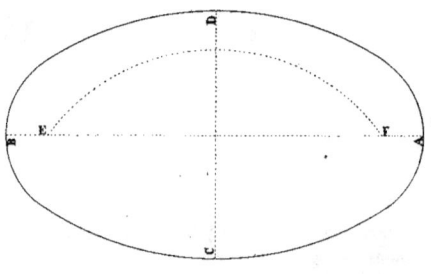

Fig. 6.

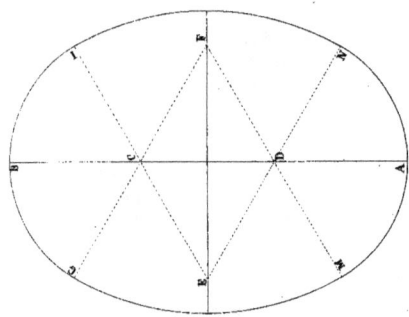

Fig. 2.

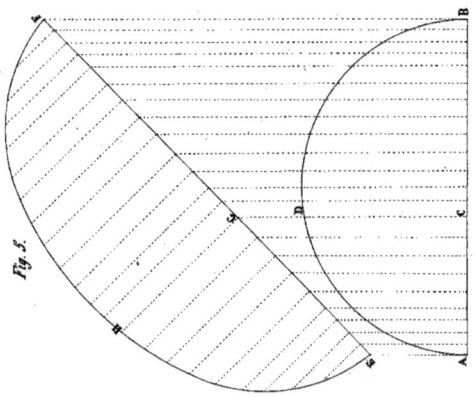

Fig. 5.

Cercles et Ovales.

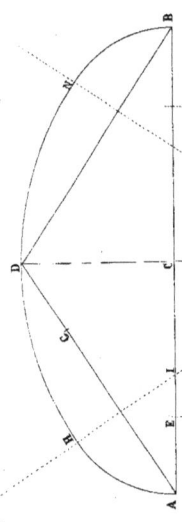

Fig. 1".

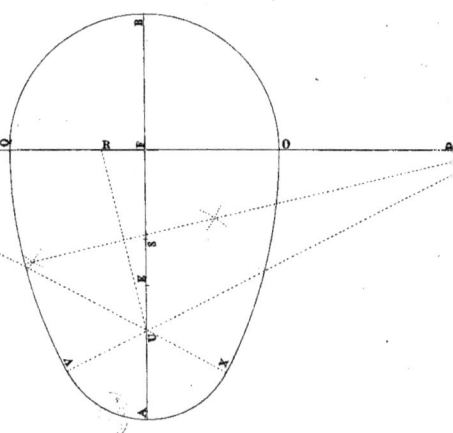

Fig. 4.

RACCORDEMENTS DE CINTRES.

SPIRALES.

Si nous donnons un détail sur les raccordements et spirales, c'est absolument pour éviter que l'ouvrier ne soit embarrassé pour aucune espèce de cintres, principalement pour ceux qui composent la partie de l'escalier; c'est le but que je me propose de démontrer; car, autant que possible, je ne dépasserai pas les bornes de ce qui le concerne. Ainsi la fig. 1 est un raccordement de cintres où est figurée une *fournette* ou pièce de raccord. Pour la construire, sur la ligne **A C** et du point **A**, élevez une perpendiculaire indéfinie; du point **B**, comme centre, décrivez l'arc **A D**, et du point **E**, avec le rayon **E D**, décrivez l'arc **D F**; du point **O**, avec le rayon **O F**, décrivez l'arc **F G**, et du point **N**, comme autre centre, décrivez l'arc **G I**; il en est de même pour tous les autres. Il faudra faire attention de prendre avec le *rapporteur* l'ouverture des angles, et la distance des centres, afin de pouvoir les reporter proportionnellement à la grandeur de la pièce de raccord.

Pour cette partie d'ovale **Q**. (Voyez ovale elliptique, *Planche* 11, *figure* 2.)

Figure 2. — *Spirale.*

Une spirale est une ligne courbe qui fait des révolutions sur elle-même en s'éloignant du centre.

Pour la décrire, il faut construire un carré qui ait le quart de la distance qu'on veut donner aux révolutions, et prolonger ces lignes indéfiniment; de l'angle 1, avec le rayon 1, 4, décrivez l'arc 4, **A**; de l'angle 2, avec le rayon 2, **A**, décrivez l'arc **A B**; de l'angle 3, avec le rayon 3, **B**, décrivez l'arc **B C**; et de l'angle 4, avec le rayon 4, **C**, décrivez l'arc **C D**, et successivement en fesant le tour.

Figure 3. — *Autre Spirale.*

Pour décrire cette spirale, ont fait l'échelle de hauteur **A**, divisée supposons en 18 : à la première hauteur, on met la largeur que doit avoir la spirale; et à la 18ᵉ, on met de même la largeur que l'on veut laisser dans le haut, et on mène une ligne de pente de la 18ᵉ à la 1ʳᵉ. En plan **B**, et sur la circonférence **C**, on fait la division des marches, menées du centre **O** au point de division, et prolongez indéfiniment. Maintenant, on prend à l'échelle la largeur **D** à la première hauteur que l'on porte en plan sur la ligne de la marche 1; on prend de même la largeur à la hauteur 2, et on porte sur la marche n° 2, et successivement jusques à la 18ᵉ; avec une *serce*, on rencontre tous ces points, et la spirale ou *entonnoir* se trouve parfaitement décrit.

A

Fig 3.

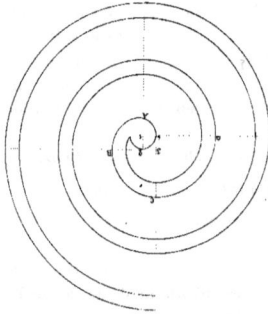

Fig. 2.

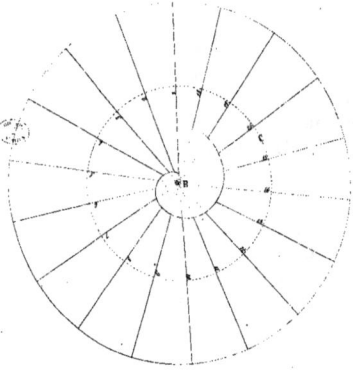

Fig 1.

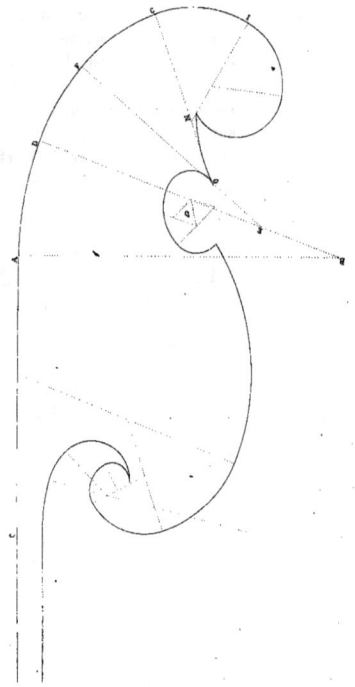

Raccordement des Courbes
spirales.

Pl. II.

MANIÈRE

D'EFFECTUER UN BALANCEMENT.

Avant d'expliquer la manière d'effectuer un balancement, je crois prévenir le lecteur sur les difficultés qui peuvent se présenter et pour lesquelles on ne peut employer ce système. D'abord, dans aucun escalier à noyau, on ne peut employer ce procédé, sans faire quelques *jarrets*, et sans être obligé de faire une opération qui demande beaucoup de temps. Dans un escalier à courbe, on ne peut pas l'employer s'il y a un quart de palier ou demi palier, si on est obligé de laisser quelques têtes de marches plus larges, de former quelques *cou-d'oie*, ou d'arriver par une bascule dans un angle, etc.

Ce système de balancement ne peut donc s'employer que dans un escalier où la courbe est dans son demi-circulaire, et se terminant par des parties droites; et même pour y parvenir, il faut un certain temps pour faire l'opération. Quant à moi, mon opinion serait d'abolir entièrement ce système, au moins pour ce genre d'opérations; je l'ai cependant représentée, car il est vrai que les hommes n'ont pas tous la même idée. Mais le moyen le plus expéditif pour parvenir à un balancement, ne s'obtient que par le tatonnement. Il faut que l'ouvrier se familiarise avec les balancements, et il n'a qu'à faire attention de mettre les têtes de marches proportionnelles entr'elles, afin que le limon ou courbe ne fasse pas de *jarret*.

Manière d'effectuer ce balancement.

La cage étant figurée, et la division des marches faite, on fait paraître les marches parallèles et d'équerre au chiffre, jusques à la ligne du point B, et toutes celles qui sont comprises dans la courbe sont menées au centre; on fait l'élévation du limon A, comme de tout autre, et on ajoute sur la même ligne toutes les marches qui sont comprises dans la courbe, jusqu'à la ligne du milieu de la courbe, qui est la marche $\times$ ou 10; toutes les têtes de marches étant bien reportées sur l'élévation C, de la ligne de joint B, au centre D et au départ E, on mène deux droites EB, BD; du point D, élevez une perpendiculaire indéfinie; portez BD parallèle de B en F, et élevez une autre perpendiculaire indéfinie; du point G, jonction des deux perpendiculaires, décrivez l'arc F D, et prolongez toutes les marches jusques à la rencontre de cet arc, aux points 4, 5, 6, 7, 8, 9, 10. Tous ces points, numérotés par 4, 5, 6, 7, 8, 9, 10, sont les têtes des marches du balancement effectué; il faut faire attention que pour les reporter en plan ou en élévation, il faut qu'elles soient prises perpendiculaires de l'une à l'autre.

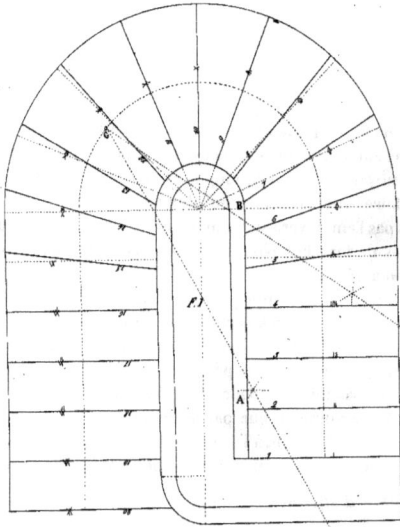

F.1 Plan.
F.2 Opération du balancement.
F.3 Élévation sur le balancement effectué.

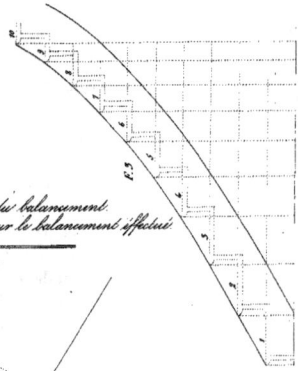

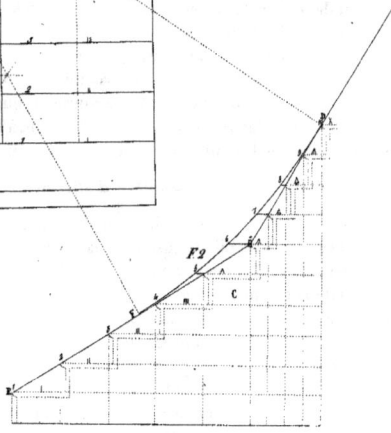

F.1

F.2

F.3

C

ESCALIER A NOYAU RENCREUSÉ.

Dans plusieurs villes de France, on considère encore ce genre d'escalier, qui, par lui mê-me, n'offre pas une bien mauvaise grâce à l'œil, mais cependant l'escalier à courbe est bien préférable, sous ce rapport que les courbes étant dévidées et assemblées différemment, lui donnent une certaine élégance ; le travail et l'assemblage de la courbe sont un peu plus compliqués et plus long que le travail du noyau rencreusé; mais aussi l'homme est plus satisfait par le coup-d'œil que lui présente les deux débillardements d'une courbe.

Ainsi, la *Planche* 14 est un escalier à noyau rencreusé ; il n'offre point de grandes dif-ficultés pour son exécution; d'abord le balancement est effectué par le tatonnement; l'éléva-tion fig. 1 est celle d'un escalier à noyau ordinaire; l'élévation fig. 3 est dans ce même genre, et n'offre pas plus de difficulté que la précédente. Il n'en est pas de même pour le noyau à rencreuser. Pour le tracer, il faut faire son élévation de la manière de la fig. 2 ; remontez les marches du plan et coupez-les par les hauteurs de contre-marches; l'élévation faite, on prend une pièce de bois de la longueur de A B, avec un panneau qui fasse le cintre de la courbe C, en plan, pris aux deux ⋈, et avec ce panneau, on cintre la pièce qui doit servir pour ledit noyau; on rencreuse ce noyau et on l'arrondit sur le derrière ; cela fait, on a soin de remettre ce noyau sur ces lignes en plan, on y *plombe* toutes les têtes de marches que l'on coupe par des hauteurs de contre-marches, et on trace les pas desdites marches et contre-marches. Pour procéder au tracé des mortaises, il faut que les limons figures 1 et 3 soient établis; on prend, au-dessus et au-dessous de la marche 6, *tabout* et la *gorge* du tenon du limon, et on reporte cette distance sur le noyau au-dessus et au-dessous de la marche 6 ; Pour la hauteur de mortaise de main-courante, on opère de même; pour la mortaise du limon, fig. 3, on prend encore la hauteur de *tabout* et de la *gorge* au-dessous et au-dessus de la marche 11, et on reporte cette même distance sur le noyau au-dessus et au-dessous de la marche 11; pour la main courante, on opère de même, et aux mortaises, on fait ce signe ⋉ pour marquer la gorge de la mortaise, et on observera de faire un *décolement* aux extré-mités, afin que les mortaises ne puissent s'ouvrir. Pour le noyau d'arrivée et la *plate-bande*, fig. 4, on suit le même genre de tracé.

Pour le détail des faux limons, (Voyez *Planche* 8.)

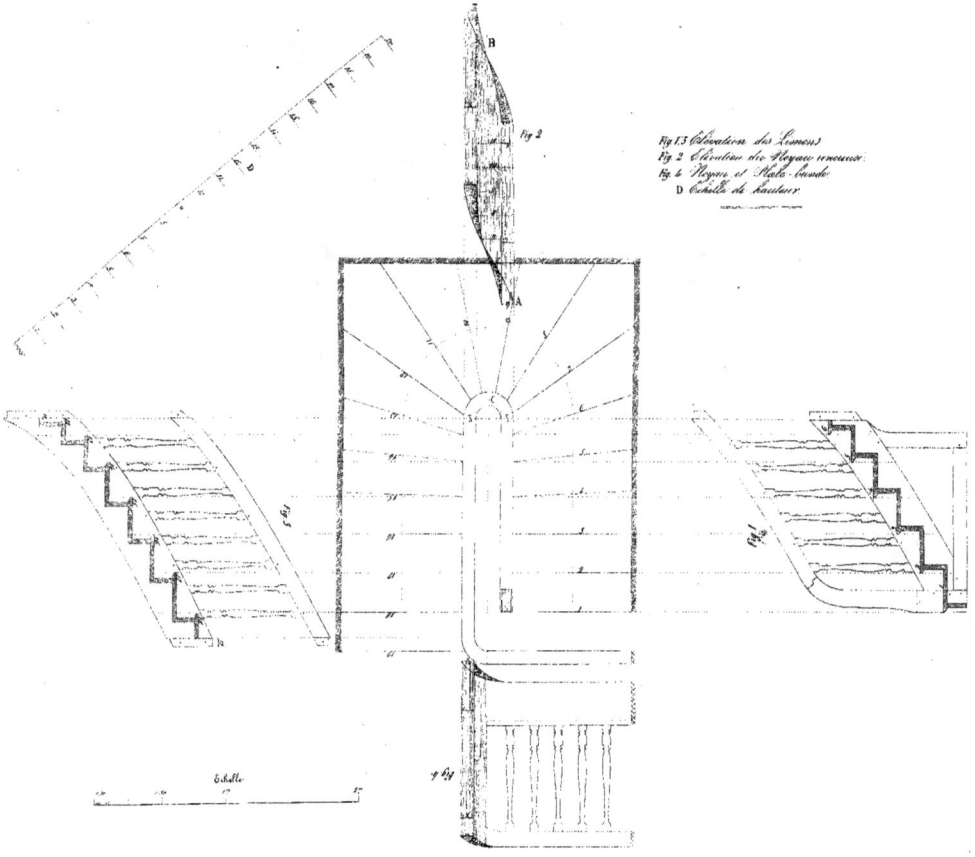

Pl. 16.

Fig. 1.3 Élévation des Lemens
Fig. 2 Élévation du Noyau vineux
Fig. 4 Noyau et Plate-bande
D Échelle de hauteur

Fig 2

B

A

A

Fig 3

Fig 1

Fig 4

Échelle

ESCALIER BIAIS

AVEC

NOYAUX RENGREUSÉS.

L'escalier *Planche* 15 dérive de la *Planche* 14, avec la différence que celui-ci se trouve placé dans une cage biaise, et que la position du départ et de l'arrivée obligent de faire, à chaque angle, un quart de circonférence décrit avec le même écartement de centre. Ce quart de circonférence est le noyau à rencreuser.

Cet escalier se compose donc : au départ **D**, d'un pilastre à volute, d'un noyau de fond n° **1**, placé à l'angle aigu ; d'un autre noyau n° **2**, à l'angle obtus, et d'un noyau n° **3**, placé à l'angle aigu de l'arrivée où est assemblée la plate-bande, et de trois limons intermédiaires. L'exécution de cet escalier n'offre pas de grandes difficultés pour le tracé du pilastre à volute. (Voyez la *Planche* 17.)

L'élévation des limons est comme celle de tout escalier à noyau ; et pour les noyaux à rencreuser, même opération qu'à la figure 14. Il est bon de faire attention, je le répète encore, que pour reporter la hauteur des mortaises aux noyaux rencreusés, on doit prendre la hauteur juste de *labout* et de la *gorge* au limon, et les reporter aussi juste sur les noyaux, en observant toujours de faire les *décolements* ; sans cela, les mortaises s'ouvriraient en dessus ou en dessous. On peut aussi établir ces genres d'escaliers sur leur élévation, et les piquer au fil à plomb, comme tout escalier à noyau.

Le lecteur fera aussi attention que la vue des élévations des limons et noyaux, est prise dans le jour, et que les marches et contre-marches se tracent sur l'autre face.

Pour les crémaillères ou faux limons, (Voyez *Planche* 8.)

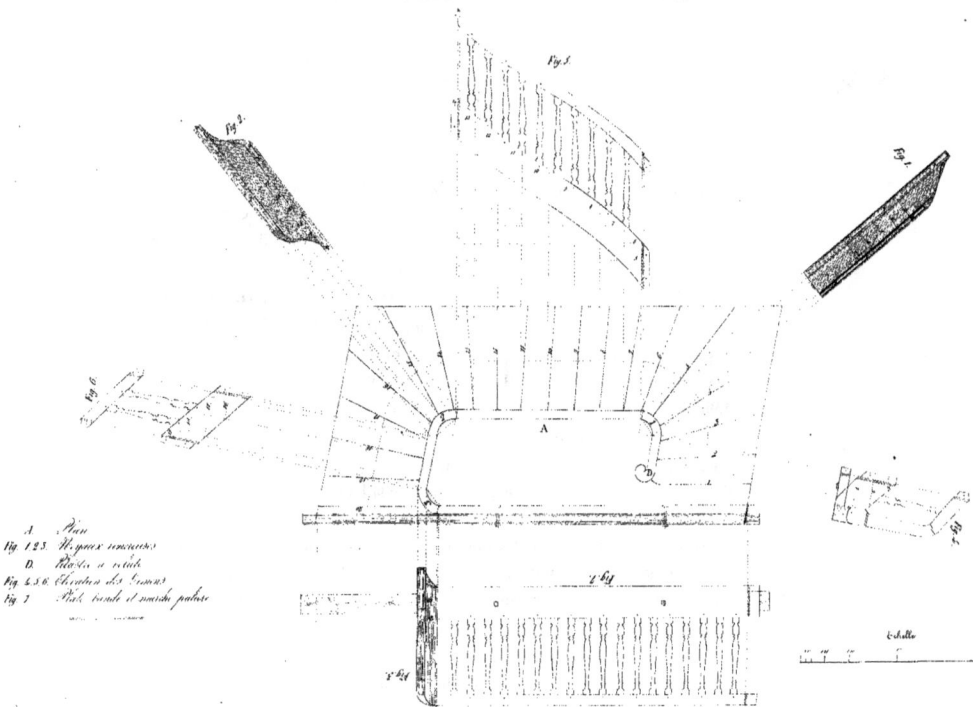

Fig. 1

Fig. 2

Fig. 3

Fig. 6

A

D

Fig. 4

Fig. 5

A.   *Plan*
Fig. 1.2.3. *Noyaux inférieurs*
D.   *Pilastre à retaille*
Fig. 4.5.6. *Élévation des limons*
Fig. 7. *Fausse bande et marche palière*

Échelle

ESCALIER A COURBE. — JOUR RALLONGÉ.

Les escaliers à courbe sont en partie ceux qui offrent à la vue une élégance à laquelle on ne peut comparer aucune autre sorte d'escalier; on distingue deux genres d'escaliers à courbes: 1° ceux proprement dits à la *française*; les marches de ce genre d'escalier sont encastrées comme dans un limon, et les courbes débillardées sur le dessus et le dessous; 2° ceux dits à l'*anglaise*, dont les courbes sont taillées à crémaillère, et reçoivent les marches sur les crans; ces marches sont profilées par bout, et les têtes de marches suivent le cintre de la courbe : les courbes ne sont débillardées que sur le dessous.

L'escalier *Planche* 16 est un escalier à la *française*. L'exécution de cet escalier doit être confiée à un maître ouvrier, car il n'est pas sans difficulté, et principalement pour le débit des bois. Sur cette planche est représentée la courbe en élévation, et le cintre de cette dite courbe est aussi tracé sur la pièce de bois qui doit servir à son exécution. Nous démontrons principalement dans cette planche le tracé de la courbe et du *sabot* d'arrivée.

Il faut, pour figurer la courbe en élévation, que l'élévation des limons B et D soit faite; ensuite, sur le centre C, on élève une perpendiculaire indéfinie, et on porte les têtes de marches comprises dans le cintre en plan, parallèles à cette perpendiculaire; il faut aussi y élever les épaisseurs du chiffre compris comme joint; on porte ensuite les hauteurs de contre-marches pour fixer le nœud des marches. Ces nœuds ou croisillons étant déterminés, on met au-dessus trois à quatre centimètres pour former un socle, et on rencontre tous ces points à la *serce* ou à la main; ayant ainsi le dessus de la courbe fixé, pour y tracer l'occupation du joint, on prend au limon B du dessus de la marche ⋀ , la hauteur perpendiculaire jusques à l'arête du dessus du limon, et on porte cette hauteur au-dessus de la marche ⋀ , sur l'élévation de ladite courbe F; on prend ensuite, au-dessous de la même marche ⋀ au limon, la hauteur jusques à l'arête de dessous; on porte sur l'élévation de la courbe cette hauteur au-dessous de la marche ⋀ , et on mène ces points d'équerre à la ligne de joints; on porte ensuite la tombée de la courbe au centre , et on figure par un cintre les lignes du débillardement, prolongées jusques au-dessus et au-dessous des joints ; pour l'occupation de l'autre joint, on prend de même, au-dessus et au-dessous de la marche ⋀ , la hauteur des arêtes du limon D, et on porte au-dessus et au-dessous de la marche ⋈ de l'élévation de la courbe la hauteur desdites arêtes du limon.

Pour l'élévation du *sabot* d'arrivée et de son tracé, on suit la même opération.

Manière d'établir la courbe.

Lorsqu'on a fait l'élévation de la courbe, on prend une pièce de bois qui ait les dimensions suivantes : 1° de la longueur prise en élévation d'une extrémité de joint à l'autre : 2° de la tombée que donne l'élévation en tirant deux lignes droites du dessus et du dessous du débillardement, 3° de la largeur prise en plan, y compris l'occupation des joints, comme la distance E O; on place cette pièce de bois G sur son élévation, et on fait paraître sur le dessus toutes les lignes de tête de marches que l'on a montées, et on ajoute d'autres lignes intermédiaires, comme celles qui sont marquées par un O, auquel on donne le nom de lignes d'*adoucissement*. Cette opération faite, on plombe toutes ces lignes perpendiculaires sur la face où doit être le tracé de la courbe, et on mène une ligne diagonale P, de l'épaisseur du chiffre, prise au-dessous de la pièce, cette diagonale P doit être aussi portée en plan, car c'est sur cette ligne que doivent être pris tous les points qui servent au tracé de la courbe; il est donc urgent que cette ligne soit portée bien juste.

Maintenant, pour le tracé de la courbe, on prend sur la ligne n° 1 en plan la longueur de la diagonale jusqu'à la première ligne de joint R, et on se reporte sur la face de la pièce en élévation de la ligne n° 1, de la diagonale en contre-haut; on prend ensuite sur cette même ligne n° 1 , en plan, la longueur jusqu'à la deuxième ligne de joint S, et on se reporte encore sur la ligne n° 1 en élévation, en contre-haut de la diagonale.

Enfin, il faut avoir toujours la pointe du compas sur les points qui rencontrent en plan la diagonale, et reporter la hauteur au-dessus et au-dessous de la courbe en plan, et reporter ces mêmes points de hauteur sur la pièce en élévation au-dessous et au-dessus de cette diagonale, en fesant attention au numéro d'ordre, ayant soin de reporter les points, pris de cette diagonale, chacun sur son même numéro. Cette opération mérite beaucoup d'attention, car s'il y avait un seul point qui ne fût pas porté sur sa ligne, il surviendrait un *gauche* dans la courbe qui dérangerait le cintre, et empêcherait de pouvoir l'ajuster au limon.

Lorsque tous ces points seront portés sur la face de la pièce, on les rencontrera avec une serce, et le cintre de la courbe sera parfaitement décrit; pour y rencontrer les lignes qui doivent fixer les joints lorsqu'elle sera rencreusée, on regarde en plan les lignes qui les composent; dans cette planche, pour le premier joint, ce sont les lignes 1 et 4; au deuxième joint, ce sont les 15 et 15; sur la face de la pièce, on rencontre les points qu'on a portés sur les lignes 1 et 4, 15 et 17, et on joint ces points que l'on a soin de marquer par ce signe ⌣.

Pour le sabot d'arrivée, l'opération est la même que pour le tracé de la volute, (Voyez *Planche* 17.)

Et pour les crémaillères ou faux limons, (Voyez *Planche* 8.)

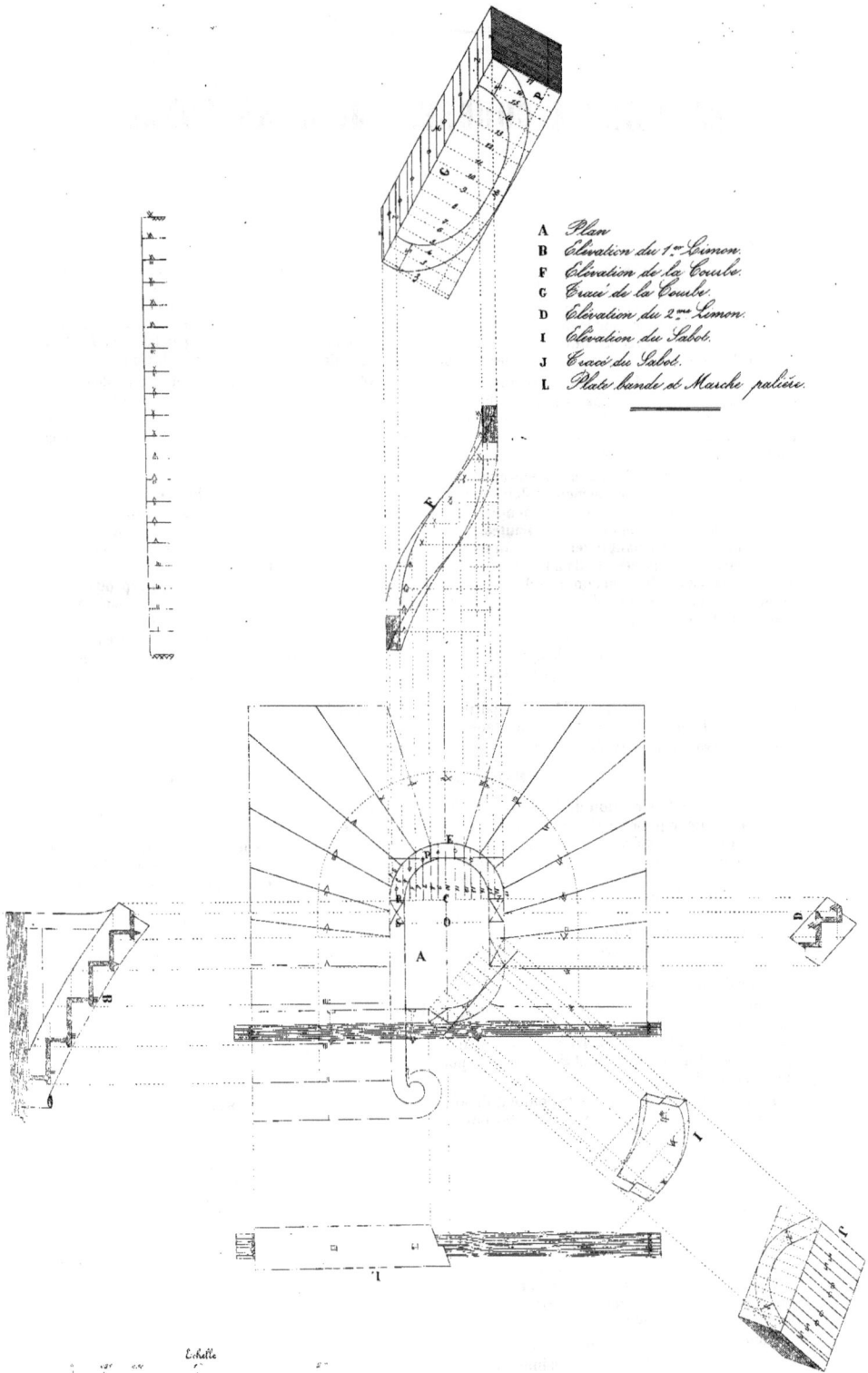

A   Plan
B   Élévation du 1.er Limon.
F   Élévation de la Courbe.
G   Tracé de la Courbe.
D   Élévation du 2.me Limon.
I   Élévation du Sabot.
J   Tracé du Sabot.
L   Plate bande et Marche palière.

Échelle

ESCALIER A COURBE.

JOUR OVALE ELLIPTIQUE.

La *Planche* 17 est un escalier ovale, contenu dans une cage rectangulaire ; le peu de reculement et la grande hauteur qu'il y a, ne permettent point de pouvoir placer une marche palière ; aussi on est obligé d'arriver par un demi-palier, soutenu par une bascule ; cette bascule est, comme nous l'avons déjà démontré dans les escaliers à noyau, scellée fortement dans les murs et à tenon et mortaise dans la plate-bande, serrée avec un boulon à écrou.

L'établissement de cet escalier n'offre pas plus de difficultés que celui de la *Planche* 16 ; mais cependant je crois très-utile de démontrer ce que nous avons omis dans cette dite planche.

D'abord, pour le tracé de jour ovale (Voyez *Planche* 11 , *fig.* 2) et pour la volute, on la fait ordinairement à la main ; mais si l'ouvrier ne se croyait pas assez fondé pour bien la décrire, il peut voir la manière de la tracer. (*Planche* 12 , *fig.* 2. — *Spirales.*)

Pour l'élévation de la volute et de cette partie de courbe, on commence par faire une fausse élévation n° 1, prise à la distance de l'épaisseur du bois que l'on a ; sur cette fausse élévation, on fait paraître un joint à coupe d'équerre avec un crochet, on descend perpendiculairement aux lignes de la fausse élévation le dessus et le dessous du limon figuré, jusques à la ligne de courbe au-dedans du jour ; on descend également les deux angles du crochet jusqu'à la même ligne de courbe, et on tire une ligne au centre de chacun de ces points, que l'on a soin aussi de faire paraître dans l'épaisseur du chiffre ; les deux cases ou emplacement de joints étant figurés, on monte perpendiculairement à la ligne **P** tous les angles de ces dites cases, de même que toutes les têtes de marches comprises dans la distance **I J** ; on coupe toutes ces lignes par des hauteurs de contre marches, et on trace le limon *croche* **B** ; pour faire paraître la volute en élévation, on monte les deux extrémités de la volute prises en plan ; on met au-dessus des marches le socle comme au limon, et on la cintre suivant son contour. Pour tracer la volute et le limon croche sur la pièce de bois **G**, destinée pour l'exécution, on monte perpendiculairement à la ligne **P** les têtes de marches, les angles des cases de joint, le dedans et dehors de la volute, et plusieurs lignes intermédiaires comprises comme lignes d'adoucissement ; on mène aussi parallèle à la ligne **P** une diagonale **N**, prise au-dedans du chiffre, que l'on a soin de reporter sur la pièce en *contre-haut* de l'arête de dessous, comme les lignes **R N** ; on prend ensuite de sur la diagonale **N** tous les points qui rencontrent la volute sur chaque ligne d'adoucissement, 1, 2, 3, 4, 5, 6, 7, et on les reporte sur la pièce qui sert à l'exécution sur les mêmes lignes, marquées par 1, 2, 3, 4, 5, 6, 7 ; on rencontre tous ces points avec une *serce*, et la volute se décrit parfaitement ; pour le reste du limon croche, même opération que pour le tracé de la courbe. (*Planche* 16.)

Pour assembler les courbes ou mettre les joints dedans, (Voyez *Planches* 26 et 27.)

Faux limons, (Voyez *Planche* 8.)

Pl. 17.

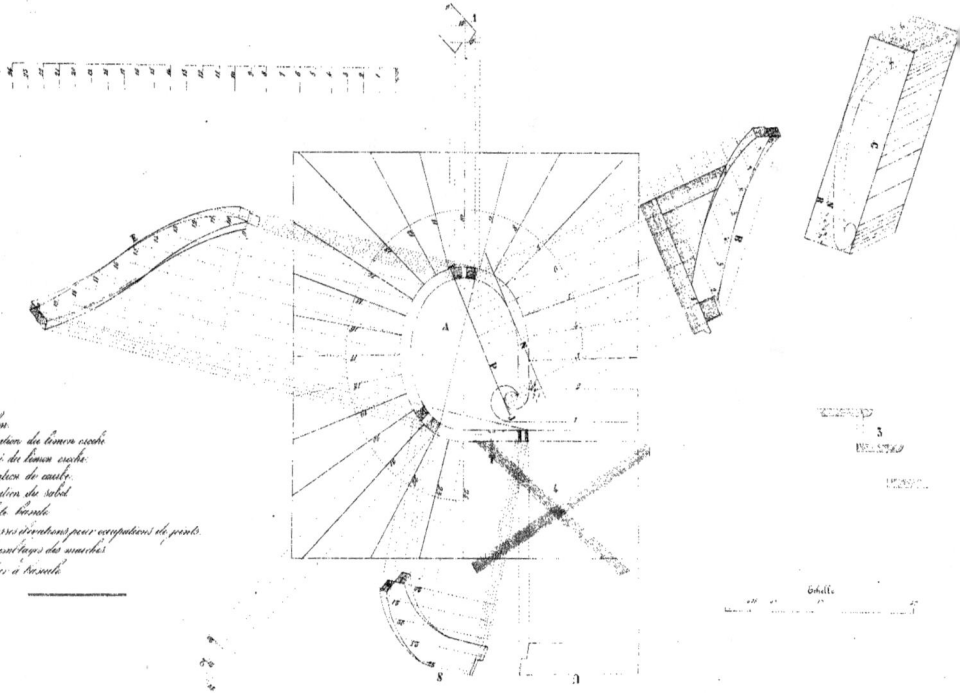

A   *Plan.*
B   *Élévation du limon courbe.*
C   *Tracé du limon courbe.*
E   *Élévation du cuiltre.*
S   *Élévation du sabot.*
U   *Plate bande.*
1.2 *Fausses élévations pour occupations de joints.*
3   *Assemblages des marches.*
4   *Palier à bascule.*

ESCALIER ROND A LA FRANÇAISE.

PERSPECTIVE.

La perspective d'un escalier est très-utile à l'ouvrier; car ceux qui n'ont pas l'idée entière de l'effet que peut leur produire un escalier, en faisant la perspective, peuvent se faire une idée juste de l'effet qu'ils en obtiendront; il s'agit pour cela de représenter, sur une surface plane (de niveau), l'escalier en élévation.

Pour faire paraître ledit escalier en élévation, on monte perpendiculairement au diamètre **A B**, toutes les têtes de marches de la **1** à la **24** de la courbe intérieure, en observant de faire paraître le dedans et le dehors de la volute, la plate-bande et le *rémur*; toutes ces têtes de marches étant montées, avec l'échelle de hauteur **D**, on coupe toutes ces lignes de marches et on fait l'élévation totale de la courbe intérieure, en observant que le numéro de marche , monté du plan *parterre*, corresponde exactement avec le numéro de l'échelle de hauteur.

Pour la courbe extérieure, on monte également toutes les têtes de marches; on coupe avec les mêmes hauteurs, et on fait aussi l'élévation totale, en observant toujours que les numéros du plan et de l'échelle se correspondent parfaitement bien. Lorsque les deux élévations sont faites, on fait paraître les débillardements de courbe et la perspective des marches qui peuvent être vues.

26
25
22
21
20
19
18
17
16
15
14
13
12
D
11
10
9
8
7
6
5
4
3
2
1

C

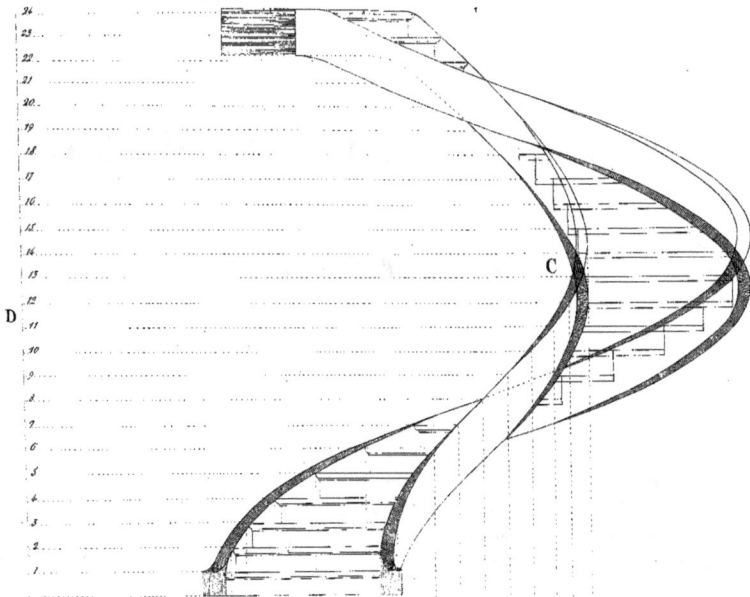

A   Plan.
C   Élévation, Perspective.
D   Échelle de hauteur.

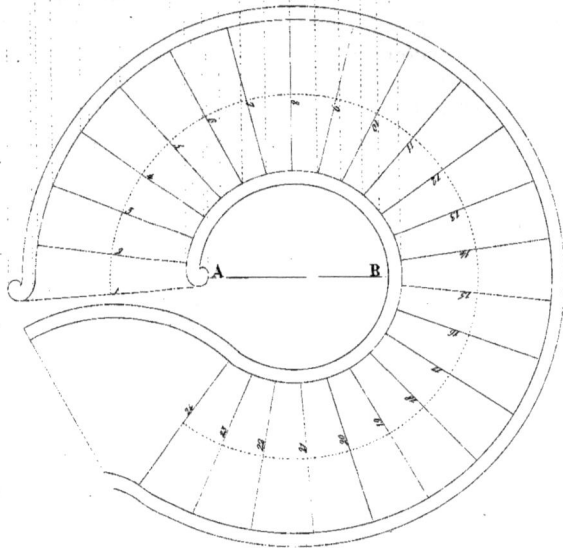

A ———— B

Échelle

ESCALIER A JOUR RALLONGÉ.

DEMI-ONGLET.

L'escalier à demi-onglet est celui de notre époque qui est le plus usité ; il y a au plus un demi-siècle que Paris, la capitale des beaux arts, renfermait seule ce genre d'escalier ; mais des ouvriers expérimentés ont propagé dans les provinces ce genre d'escalier qui, par son élégance, surpasse tous les autres ; car maintenant, en province, il n'y a pas une maison bourgeoise qui ne soit ornée d'un escalier à demi-onglet ; dans nos campagnes mêmes, les propriétaires à demi-aisés ornent leur maison d'un escalier de ce genre, qu'ils considèrent comme un meuble.

Pour que l'ouvrier le comprenne parfaitement bien, nous allons le décrire point par point, faire tous les développements, de manière qu'en faisant attention aux planches et aux explications, l'ouvrier puisse le faire seul, sans avoir recours à personne.

La *Planche* 19 nous présente un escalier à jour rallongé ; nous avons déjà démontré dans la *Planche* 16, la manière de faire l'élévation d'une courbe ; l'élévation de la courbe d'un escalier demi-onglet est la même, avec la différence qu'on ne met pas de socle au-dessus des crans de marche, et que les joints sont autant que possible au fond du recreusement d'une marche. Nous nous bornerons dans cette planche à faire les élévations et à donner les dimensions des pièces de bois qu'il faut pour l'établissement des limons ou des courbes, et la manière de prendre ces dimensions pourra servir pour les planches précédentes ; le premier limon **A** est compris comme limon croche, du moment qu'il entre dans la partie circulaire ; son élévation se fait suivant la ligne intérieure du limon en plan, et sur cette ligne en plan, des points qui figurent le devant de la contre-marche ; on élève des perpendiculaires et on les coupe par des hauteurs de contre-marche, ne considérant pour rien, dans ses élévations, les astragales ni saillie de giron, en avant de la contre-marche ou en dedans du jour, les élévations faites et les joints et débillardements figurés ; on mène une ligne droite des extrémités des joints, passant sur l'arête du débillardement, on mène parallèle à cette ligne une autre ligne droite, passant sur le plus haut cran, et on mène aussi une ligne par bout, aux extrémités des joints, pour déterminer la longueur de la pièce qui doit servir à établir la courbe ou limon ; l'élévation du premier limon faite, pour avoir la grosseur du bois pour l'établir, on prend en plan l'épaisseur **B C**, en élévation la tombée **E F**, et la longueur **G H** ; avec un madrier de cette dimension, on peut établir le limon croche.

Pour la courbe, on prend en plan l'épaisseur **I J**, en élévation la tombée **K L** et la longueur **MN** ; pour l'autre limon, fig. 4, il se trouve une partie droite, on prend un madrier de l'épaisseur en plan, de la tombée **O P** et de la longueur **Q R** ; pour le sabot, on prendra aussi en plan l'épaisseur **S T**, et en élévation la tombée **U V** et la longueur **X Y** ; pour la plate-bande, on prend de même un madrier de l'épaisseur en plan, de la tombée **Z**, etc., et la longueur **B̆ C**.

Il faut que l'ouvrier se pénètre bien de ceci, car c'est très-utile pour couper ses bois de longueur.

Pour la suite des opérations de l'escalier demi-onglet, (Voyez *Planches* 20, 21, 22, etc.)

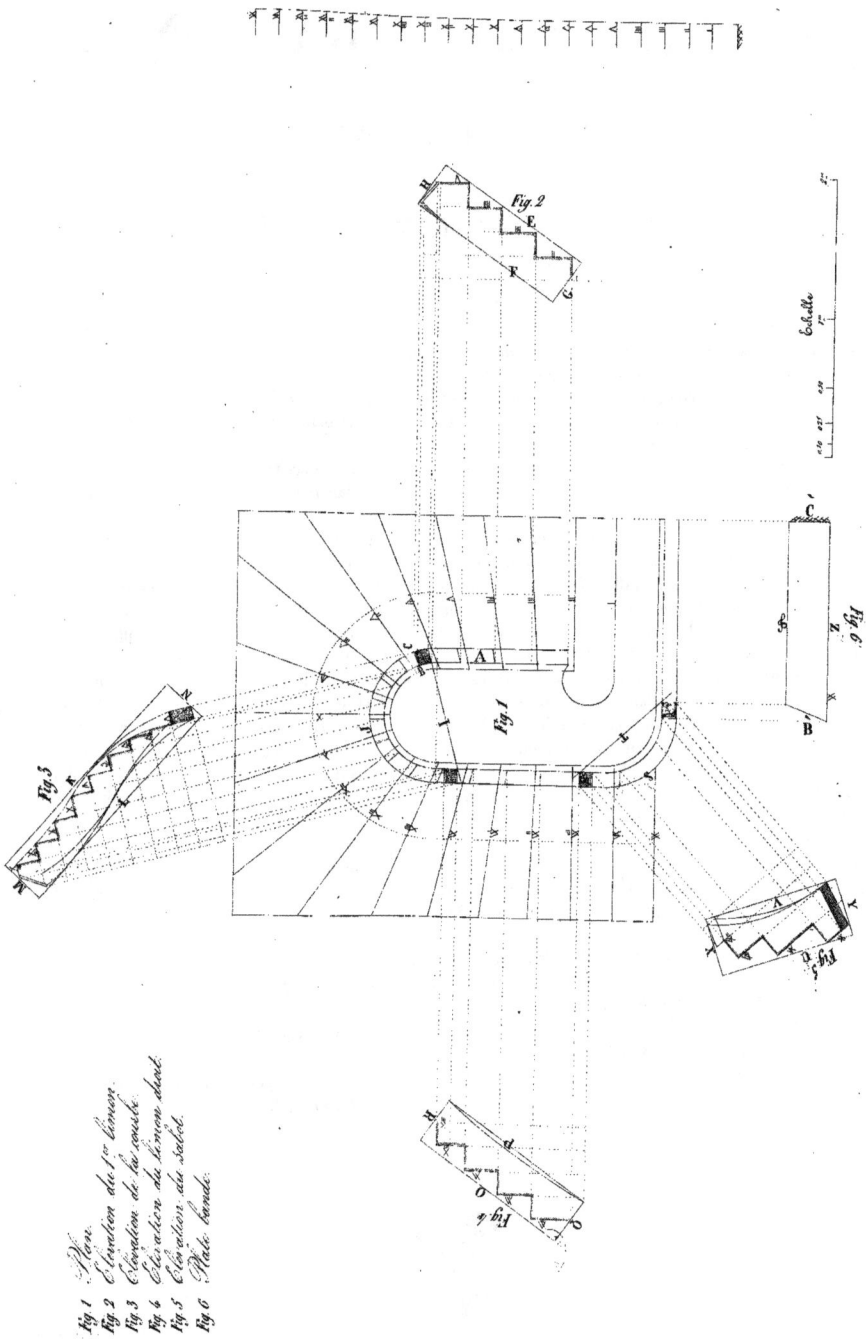

Fig. 2

Fig. 1

Fig. 3

Fig. 4

Fig. 6

Échelle

Fig 1 . Plan .
Fig 2 . Élévation du 1.er limon .
Fig 3 . Élévation du la gouche .
Fig 4 . Élévation du limon dent .
Fig 5 . Élévation du sabot .
Fig 6 . Plate bande .

DEMI-ONGLET CROISÉ.

Cet escalier ne diffère du précédent que par sa position, il n'offre pas plus de difficulté ; nous avons figuré dans cette planche un limon croche ; pour son élévation, on élève perpendiculairement à la ligne droite du limon tous les devants de contre-marche, et on y élève aussi le centre et les lignes de joints, et on coupe ces lignes par des hauteurs de contre-marches ; on se borne à faire paraître seulement les crans des marches, et à mettre 15 à 16 centimètres de tombée au-dessous de chaque fond de marche ; on peut réduire cette tombée suivant la grandeur de l'escalier ; cette élévation faite, on ajoute quelques lignes d'adoucissement pour faciliter le tracé du cintre. Nous donnons sur cette planche la forme du limon croche, tracé sur la pièce qui doit servir à l'exécuter ; pour son tracé, (Voyez tracé de courbe, *Planche* 16.) Quoique nous figurions une pièce de bois de forte dimension pour le tracé du limon croche, ne croyez pas qu'elle soit sacrifiée, car l'ouvrier doit voir que dans le *veau* qui reste, il peut encore en sortir plusieurs ; car dans certaines pièces de bois, on peut sortir quatre et même cinq fois la longueur de la pièce ; il y a donc grand avantage de faire des limons croches, sous le rapport du bois et l'abrégé des joints.

Si du carré de la cage on voulait faire une cloison circulaire, pour cela on dispose des poteaux à distance égale, pour que les faux limons soit à peu près égaux de longueur ; ce circulaire doit être décrit du centre de la cage, et on tire des lignes *a*, *b*, *c*, *d*, *e*, *f* du milieu des poteaux pour figurer les faux limons en plan.

Pour leur élévation, (Voyez *Planche* 21.)

PL. 20.

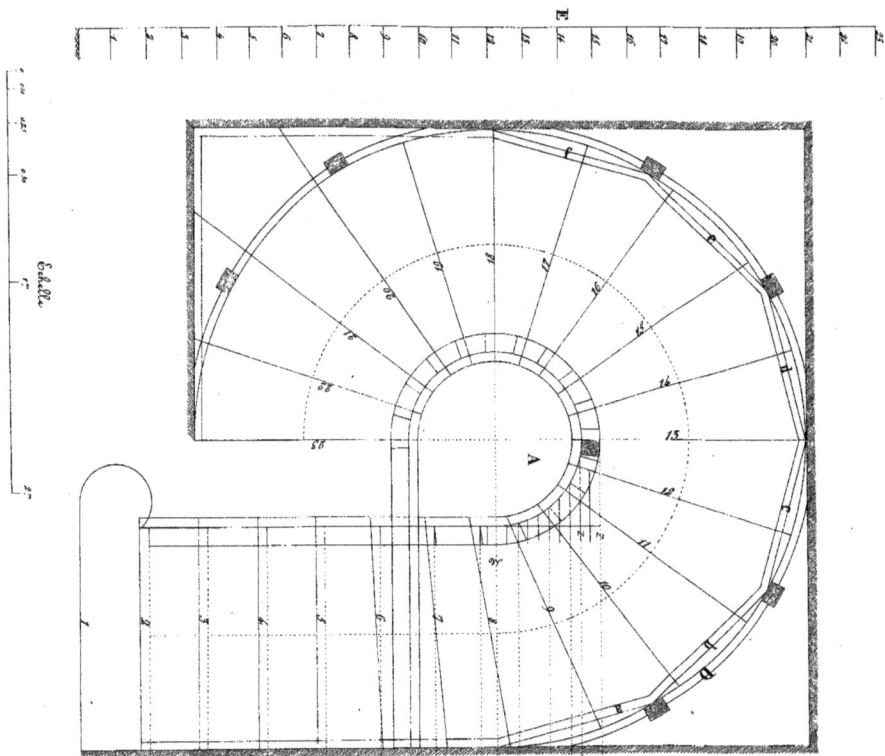

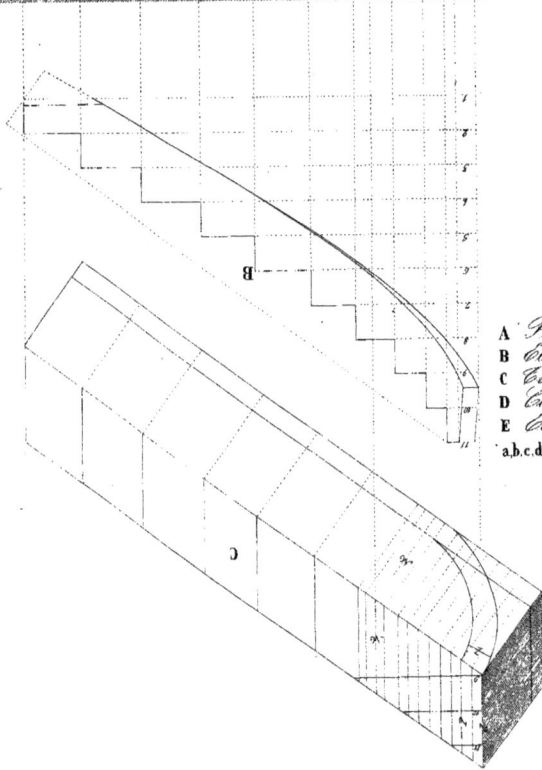

A Plan.
B Élévation du limon croche.
C Tracé du limon croche.
D Cloison Circulaire.
E Échelle de hauteur.
a, b, c, d, e, f Faux limons du Circulaire.

ESCALIER DEMI-ONGLET,

LE JOUR ÉTANT FAIT PAR RACCORDEMENTS DE CINTRES.

La position de cet escalier oblige de le faire d'un genre différent aux autres; le chiffre qui le compose est fait par des raccordements de cintres; il se compose de sept centres qui servent à décrire la courbe sinueuse de l'intérieur de la cage; ces centres sont : numéros **1, 2, 3, 4, 5, 6, 7**; les numéros **3, 4, 5, 6** et **8** servent à décrire la courbe extérieure. Quoique dans la *Planche* 17 nous ayons fait de fausses élévations pour fixer l'emplacement des joints, on pourrait se dispenser de les faire en mettant dix à douze centimètres en arrière du fond de recreusement, afin que le joint puisse se faire à coupe de pierre, comme il est tracé en **O**; sans cela le joint se trouverait perpendiculaire. Nous avons donc fixé l'emplacement desdits joints par **B C D E**; nous avons déterminé aussi la position que doivent avoir les lignes qui servent à donner la grosseur du bois en plan et qui servent à faire les élévations. Pour les élévations, même principe qu'à la *Planche* 19.

Dans certaines localités où le bois de chêne est plus propice que dans nos contrées, on fait le sabot et la marche palière d'une seule pièce, la figure **J** nous en présente une ; il faut que cette marche soit *refeuillée* sur sa face pour avoir la saillie du giron et du *filet*, en observant de faire suivre le cintre comme celui en plan, lequel cintre on obtient avec un panneau ou en l'établissant sur l'*épure*; il faut aussi qu'elle soit refeuillée à la hauteur de la marche, en laissant une feuillure pour recevoir la marche qui est au-devant.

Il faut encore qu'elle soit refeuillée en dessous à l'épaisseur du chiffre, pour que le débillardement corresponde dans toute sa longueur.

Du tracé des faux limons dans la partie circulaire.

Etant obligé de faire une cloison circulaire pour former la cage de cet escalier, nous avons placé des poteaux à distance pour recevoir ladite cloison, et pour avoir en même temps plus de facilité à arrêter les faux limons; pour tracer ces faux limons, on suit le même principe qu'à la *Planche* 8; pour les déterminer, on mène une ligne droite d'un milieu de poteau à l'autre, et on figure en avant de cette ligne l'épaisseur du faux limon. Les élévations de ces faux limons sont faites de manière que chaque faux limon se trouve coupé perpendiculairement sur le milieu du poteau, et par conséquent arrêté contre le poteau avec des clous; on peut aussi assembler ces faux limons par une entaille à repos, et arrêtés aussi avec des clous contre ces dits poteaux.

Tracé du joint de courbe et limon.

Pour tracer un joint afin d'ajuster deux courbes ou deux limons (Voyez fig. **O**), de l'extrémité ou fond de recreusement de marche **I**, on mène une ligne droite **I L**, on divise cette ligne en deux parties égales, et on mène une ligne de ce point de division parallèle au cran de marche; de ce point de division **U**, on met à droite et à gauche la moitié de la distance qu'on veut mettre au crochet, et de ce point de crochet on mène deux lignes droites aux deux extrémités **I L**; le joint d'attente étant ainsi tracé, avec une ouverture de compas prise à volonté et du point **I**, décrivez un arc de cercle **R**, jusqu'à la rencontre de la ligne de joint en **S**, à l'autre joint, avec la même ouverture de compas; et du point **P**, décrivez le même arc **Q T**, prenez la distance **S R**, portez en **T Q** et joignez **P N**.

Pour le crochet, comme le précédent.

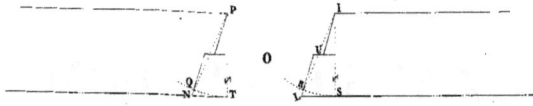

A *Plan*
1,2,3,4,5,6,7 *Centres de la courbe intérieure*
3,4,5,6,8 *Centres de la courbe extérieure*
B,C,D,E *Occupation des joints*
O *Tracé de joint*
J *Marche palier*
9 *Centre pour décrire le cintre des trois premières marches*

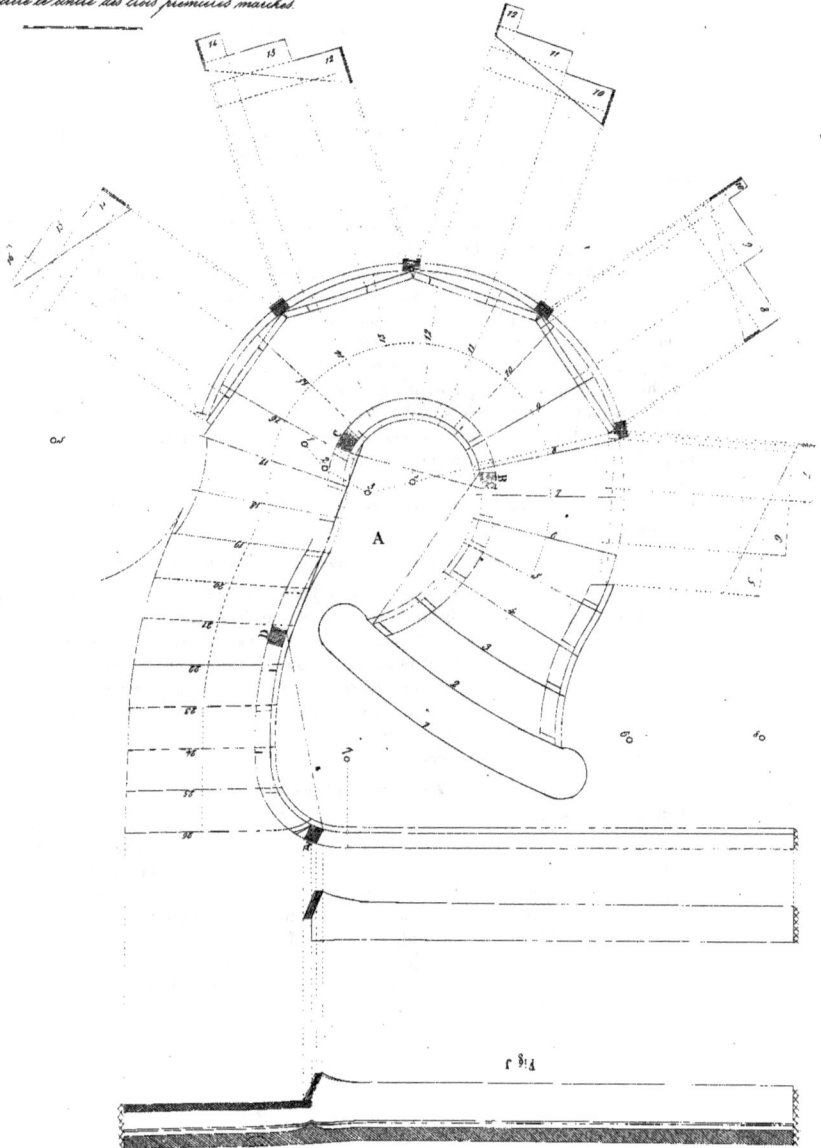

Fig. J

Echelle

ESCALIER DE DÉGAGEMENT

AVEC

RÉVOLUTION CROISÉE.

Cet escalier est contenu dans un espace de un mètre trente-trois centimètres, non compris la première marche; les forces que l'on a données à ces courbes ne lui permettent pas de recevoir de grands efforts; aussi il ne peut être compris que comme escalier de dégagement, placé dans un magasin, café, etc., lieu où il se trouve souvent d'une grande utilité, et on le considère comme meuble. Pour son exécution, nous n'entrerons pas dans tous les details des élévations; nous avons déjà démontré dans les planches précédentes la manière de les faire; nous nous bornerons à démontrer la manière de faire les panneaux pour tracer les courbes.

La figure 1 est le panneau de la courbe intérieure, pris de la marche 2, au fond de la marche 7; pour l'obtenir, il faut faire l'élévation, comme nous l'avons déjà démontrée, et faire servir la ligne droite qui passe au-dessus des crans, ou en mener une parallèle pour servir de ligne diagonale comme C et Č; au-dessus de cette diagonale, on mène une autre ligne D, pour fixer la grosseur du bois en plan, on monte du plan toutes les lignes d'adoucissement ou de têtes de marches sur cette ligne D, et on les mène indéfiniment d'équerre à la ligne D; pour porter les points afin d'obtenir le cintre, (Voyez *Planche* 16, tracé de courbe); le cintre de la courbe étant ainsi tracé sur une planche destinée à faire le panneau, on débite à la scie cedit panneau, on le porte sur la pièce qui doit servir à l'exécution de la courbe, et on trace sur la pièce le cintre que forme le panneau, en observant de marquer exactement les lignes de joints fixées par un ⋈.

Cette opération terminée, on prend, avec une fausse équerre ou sauterelle E Ė, placée sur la ligne parallèle à la diagonale, la *rampe* que doit avoir la courbe en élévation, et on porte ces rampes sur le dessus de la pièce aux lignes principales comme joints, centres, etc.; on les retourne d'équerre sur la face où doit être le tracé de la courbe; on *contre-jauge* la ligne diagonale, et on reporte le panneau sur cette face, sur ces mêmes lignes d'ordre, et on trace autour du panneau comme sur la face précédente; la courbe ainsi tracée, on peut la rencreuser.

La figure 2 est le panneau de la courbe extérieure, il est pris dans un autre sens que celui de la fig. 1; on peut obtenir aussi quelque panneau que ce soit en suivant ce même tracé.

L'établissement des marches de ce genre d'escalier est le même que pour celles des escaliers à noyau, avec la différence que pour tracer les têtes de marches des escaliers à courbe, on peut se servir d'un panneau ou calibre, et qu'on peut l'éviter dans ceux à noyaux; ainsi les figures 3 et 4 nous présentent le panneau de la courbe extérieure et le panneau de la courbe intérieure, et on peut les employer tels qu'ils sont figurés à la marche 9.

Ce panneau ou calibre est un morceau de planche où est décrit du centre A le circulaire formant la saillie de l'astragale extérieure et intérieure.

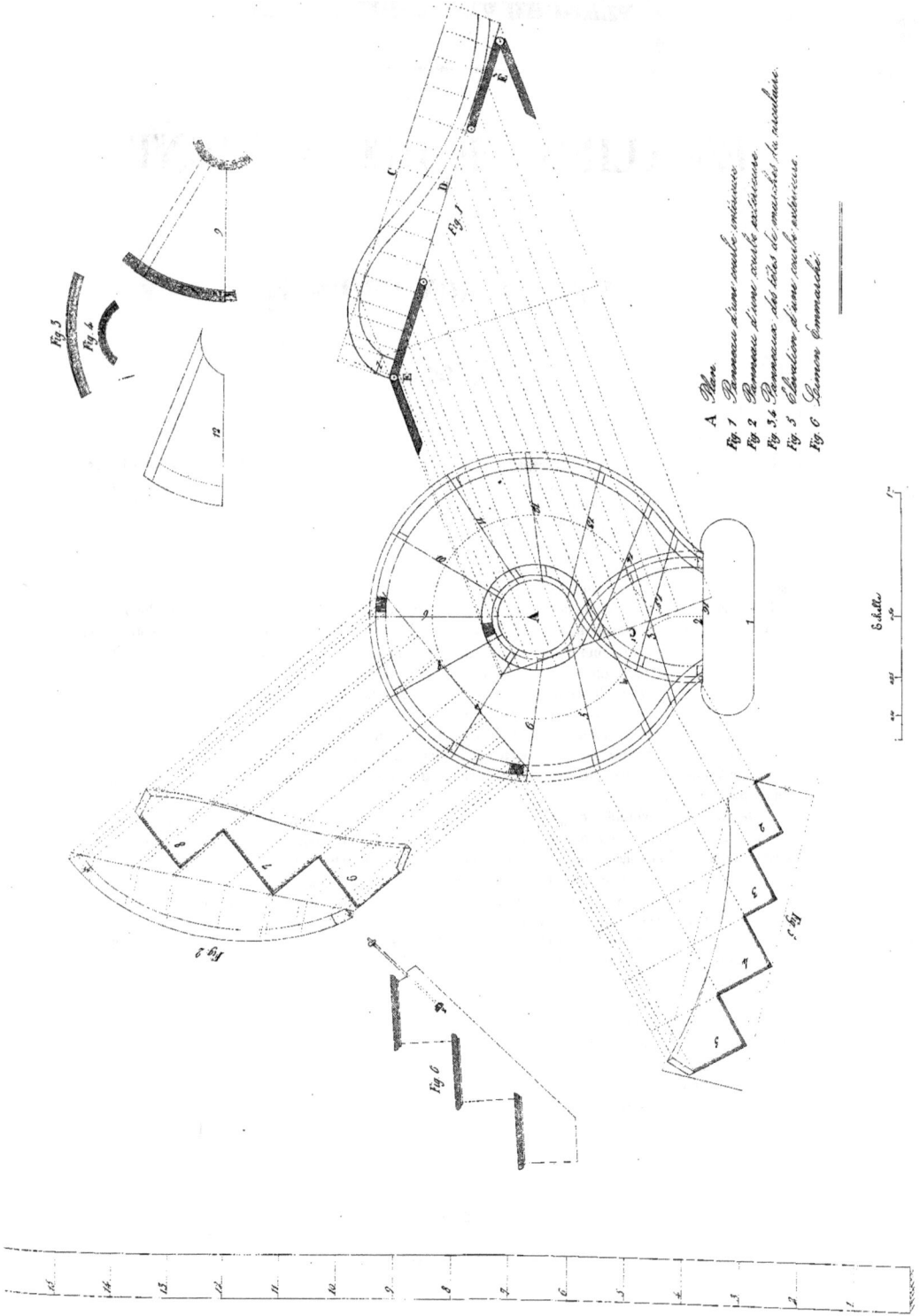

PL. 22.

A Plan.
Fig 1 Panneau d'une voûte intérieure.
Fig 2 Panneau d'une voûte extérieure.
Fig 3.4 Panneaux du têtes de marches de la voûte.
Fig 5 Elévation d'une voûte extérieure.
Fig 6 Panier Commandé.

Échelle

ESCALIER DEMI-ONGLET

TIERS-POINT.

On trouve assez rarement d'emplacements à pouvoir faire un escalier à tiers-point; cependant dans les villes où l'on n'a pas toujours les emplacements à l'équerre, on peut trouver quelque angle de maison aigu et qu'on choisit principalement pour placer l'escalier; la *Planche 23* est un escalier à tiers point; la position de l'arrivée nous oblige à faire cette courbe sinueuse; pour raccorder l'angle avec le point d'arrivée, nous avons fait l'élévation des limons croches et établi sur la pièce **Č** le limon double croche, par les mêmes opérations de la *Planche 16*. Si nous avons fait ces opérations, ce n'est que pour prouver qu'on peut établir une courbe ou limon croche dans quelque genre d'escalier que ce soit, sans d'autres difficultés; on peut en même temps se dispenser, comme nous l'avons déjà dit, de faire de fausses élévations pour déterminer la position des joints; il suffira de mettre en arrière du devant de la contre-marche dans l'épaisseur du chiffre de 9 à 10 centimètres pour pouvoir faire le joint à coupe d'équerre.

Règle générale :

Il faut toujours, lorsqu'on fait une élévation de courbe, avoir soin de tirer une ligne droite des deux extrémités des joints, et monter toutes les lignes qui composent l'élévation perpendiculairement à cette ligne, en observant cependant que l'élévation de plusieurs limons-croches doit être faite suivant la ligne droite du limon en plan.

La figure **D** présente le tracé de la marche ◊, établie par le même procédé que nous avons déjà démontré; la figure **E** est cette même marche ◊ profilée et vue sur son dessous; il faut bien observer. lorsqu'on poussera les rainures **J**, de les arrêter cinq ou six centimètres avant le filet; et lorsqu'on poussera la rainure **L**, sur le dessus de la marche, de l'arrêter à la même distance.

La figure **P** est une partie d'escalier où est figurée l'opération pour tracer les courbes, limons-croches, etc., lorsqu'ils sont rencreusés.

Pour faire cette opération, il suffit de faire paraître le devant de la contre-marche **R**, et de porter en arrière et sur le derrière du chiffre l'épaisseur de la contre-marche; il faut rencontrer ce point avec le devant du cran ou contre-marche, et tirer une ligne indéfinie **S O**, en faire de même à toutes les marches, et faire paraître les joints et les centres; la courbe étant rencreusée et travaillée sur le dedans seulement, on fait paraître avec un cordeau les deux lignes de joint sur le dedans de la courbe; on la place ensuite, l'épure et on met ces lignes qui figurent les joints perpendiculaires sur les joints en plan; on fait en sorte que le cintre de la courbe rencreusée suive exactement le cintre du plan; on fait ensuite une *plumée de devers* sur la face, et on plombe juste la ligne **S O** sur le dedans et le dehors de la courbe; on fait de même des lignes des marches 2, 3, 4, 5, etc., en observant de faire paraître les centres et les joints; cette opération demande à être faite avec attention, car c'est de là que résulte la réussite de l'escalier; toutes les lignes étant plombées sur le dedans et le dehors de la courbe, on les coupe par des hauteurs de contre-marches que l'on a soin de contre-*jauger*, juste sur le derrière de ladite courbe; la courbe étant ainsi tracée, on procède au tracé des joints. (Voyez *Planche 21*.) Cette opération est applicable aux limons croches et limons droits, et à tout ce qui concerne l'échiffre de l'escalier.

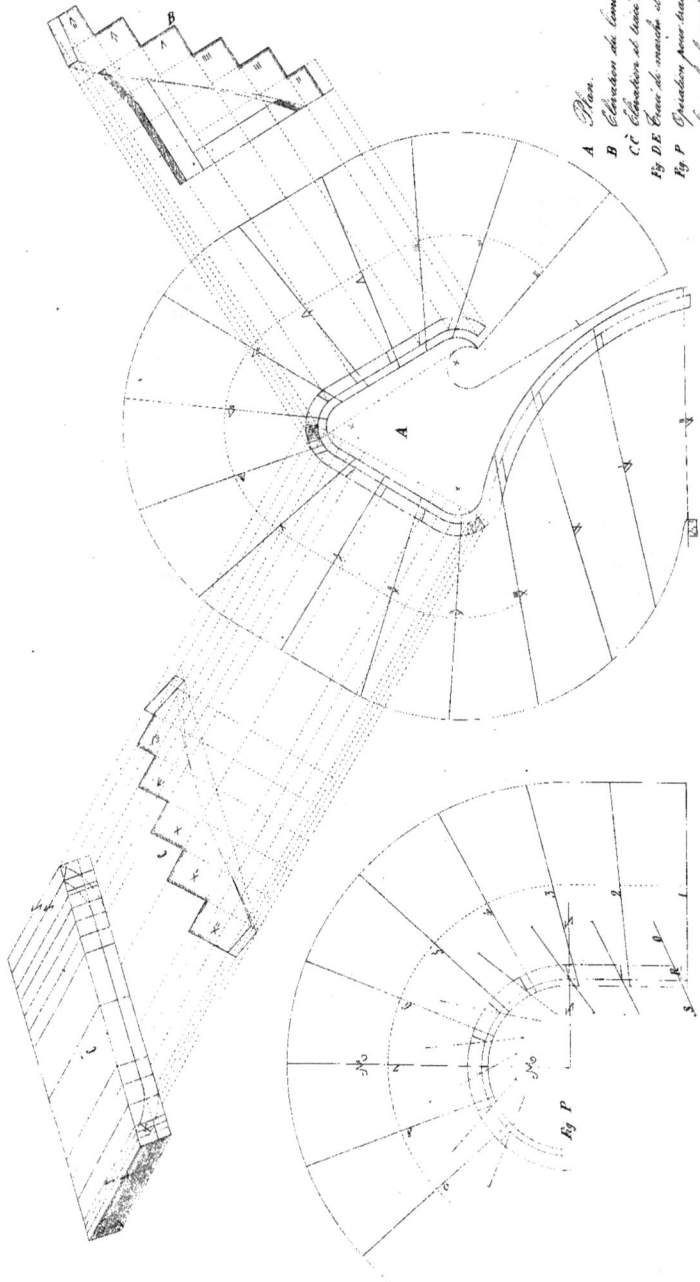

A   *Plan.*
B   *Elévation du limon cintré de départ.*
C,c *Elévation et tracé du 2.me limon cintré.*
Fig D.E *Tracé de marche et marche profilé.*
Fig P *Opération pour tracer les mousses sur*
     le rouleau lorsque elles sont à recouvrir.

Fig D

Fig E

Fig P

Echelle

ESCALIER SPIRAL

ET

JOURS ÉVASÉS.

L'Escalier spiral **A** est ordinairement placé dans une grande tour ou cage circulaire. Ce genre d'escalier n'est ordinairement éclairé que par une lanterne placée sur une coupole qui orne le sommet de la cage. Ce genre de coupole est construit (Voyez *planche* **29**.) Pour la construction du chiffre en plan, c'est la construction de la spirale (Voyez *planche* **12** , figure **2**.) La division des marches étant faite sur la ligne spirale qui divise la largeur de l'escalier, on mène tous ses points de division au centre ; le balancement se trouve effectué, et toutes les têtes de marches se trouvent proportionnelles entre elles. Pour l'élévation des courbes, elle est absolument la même que dans les planches **20**, **21**, **22**, etc., en observant cependant que la courbe est établie sur son aplomb, et qu'elle n'est point déversée suivant la rampe de l'évasement du jour, opération qui demanderait plus de sujétion et beaucoup plus de temps.

La figure **C** est le plan d'un Escalier à jour alongé évasé ; il est composé de trois étages, et à chaque étage on diminue la longueur des marches, et par conséquent le jour se trouve plus grand. On doit toujours suivre ce principe lorsque les escaliers ne sont éclairés que dans le haut, car de cette manière le reflet du jour se répand jusqu'au premier étage.

La figure **D** est un Escalier ovale ordinaire évasé. Les numéros **1**, **2**, **3**, **4**, **5**, **6**, **7**, **8**, **9**, **10**, sont les points de centre qui ont servi à décrire l'ovale. Les positions des cages donnent le genre de l'escalier et l'évasement qu'on peut y laisser.

A Plan d'un Escalier spiral
B Élévation d'une partie de courbe
C Tour rallongé évasé
D Tour ovale évasé
E Echelle de hauteur

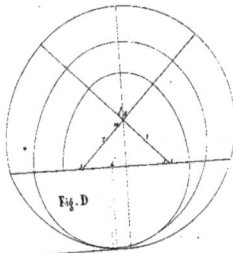

Fig. D

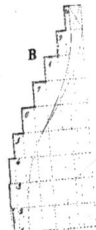

B

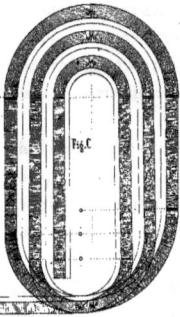

Fig. C

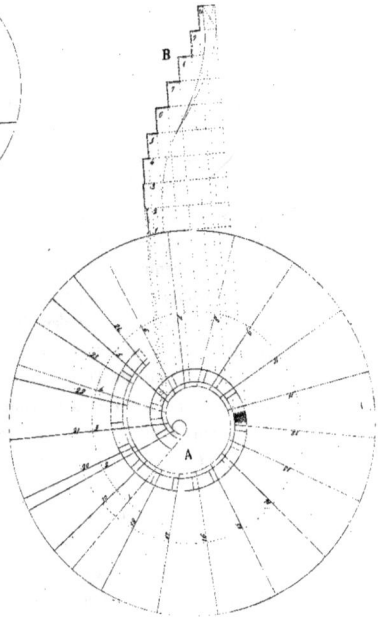

A

E

ESCALIER DEMI-ONGLET

DOUBLES ÉVOLUTIONS.

Tous les emplacements ne sont pas propres à pouvoir établir un escalier à double évolution ; on ne construit ce genre d'escalier que dans les palais, hôtels , théâtres, châteaux et grandes maisons bourgeoises ; car, pour le construire, on est obligé d'avoir un grand emplacement. La figure 1ᵉ est un escalier ovale à double évolution ; il est composé de deux courbes intérieures et extérieures; ou obtient ces courbes par le tracé de l'ovale ou cintre surbaissé. (Voyez *Planche* 11.) La courbe B et C est décrite par un quart de circonférence, se raccordant à la partie d'ovale et à la plate-bande ; cette plate-bande est arrêtée à la marche palière par un boulon; cet escalier se compose , en outre, des courbes intérieures et extérieures, de quatre patins et de quatre jambettes; la figure D nous en offre l'exemple ; ces patins et jambettes sont , comme nous l'avons déjà dit, le patin à tenon et mortaise dans la courbe et la jambette, qui est aussi assemblée à tenon et mortaise dans ladite courbe avec *embrève-ment*, si on le trouve convenable , mais on peut s'en dispenser ; si on ne pousse pas une moulure sur l'arête de la courbe, le patin doit suivre le cintre de la courbe en plan, et on l'obtient en ayant un madrier que l'on place sur cedit cintre de courbe en plan, et du centre on décrit le cintre de dedans et son épaisseur de chiffre, comme présente la figure D; la jambette doit suivre le même cintre de courbe ; nous n'entrerons pas dans le détail des élévations, nous les avons déjà démontrées; mais je ferai observer que ces escaliers doivent être faits avec beaucoup de précision, en mettant les courbes sur l'épure pour tracer les lignes des marches et des joints, ayant bien soin de faire tomber la courbe parfaitement sur sa ligne courbe en plan; le moindre jarret serait un vice à l'œil, vu que les marches sont profilées des deux bouts.

La figure 2 est un escalier jour ralongé et à double évolution ; le départ de cet escalier est une partie droite; quoique nous n'ayons donné au départ que la largeur de l'emmarchement ordinaire, on ne doit pas prendre cela pour règle générale; au contraire, dans ce genre d'escalier, on doit toujours donner au départ le double de la largeur de l'emmarchement qui le précède ; car on doit se dire, si un nombre égal de personnes descendait de chaque côté et se rencontrait sur le palier ; pour que ces personnes puissent descendre ensemble, il faudrait que l'escalier, du palier à la première marche, eût le double de largeur qu'aux marches précédentes; ainsi, dans les escaliers qui sont bien pratiqués, on doit suivre ce système ; cependant il se trouve des circonstances où le principe (fig. 2) peut être suivi; mais celui dont nous venons de parler plus haut est préférable.

Dans cet escalier, le balancement ne peut pas être bien correct, à cause des marches parallèles du départ au palier et du quartier tournant qui le précède; aussi, on est obligé de cintrer les têtes de marches pour les rendre à peu près proportionnelles entre elles, afin que le debillardement de la courbe ne fasse pas de jarrets

Palier d'arrivée.

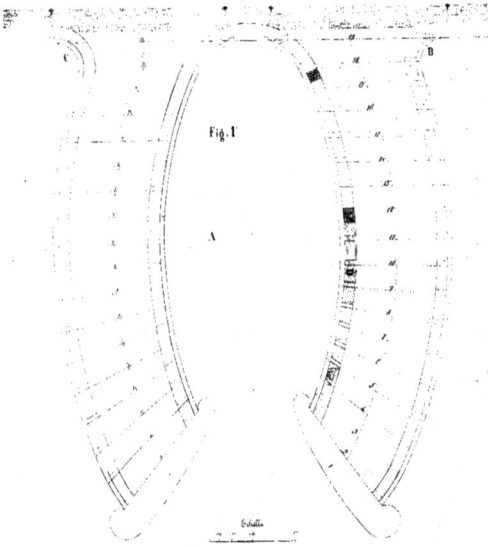

Fig. 1

A

Echelle

Porte

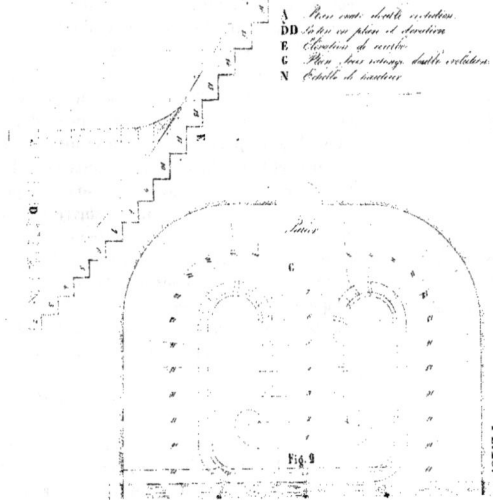

A — Plan orné, échelle extérieure.
DD — Coupe en plan et élévation.
E — Élévation de cintre.
C — Plan bois intérieur, double échelle.
N — Échelle de hauteur.

Palier

C

C

Fig. 9

Pl. 23.

ASSEMBLAGE DES COURBES

ou

MANIÈRE DE METTRE LES JOINTS DEDANS.

Dans les escaliers à courbe, une des principales attentions à avoir est de bien assembler les courbes aux limons ou courbes ensembles, pour ne pas être obligé, lorsqu'on les met en place, de toucher aux joints, opération qui n'est pas à l'avantage du maître charpentier; ainsi, je soumets cinq opérations ou manières de les ajuster; on peut les employer en toute assurance, car l'expérience nous a démontré qu'elles sont invariables, pourvu qu'on y porte l'attention voulue; car, sur plus de deux cents étages exécutés par moi, je n'ai encore jusqu'à ce moment touché à aucun joint lorsque je mets l'escalier au *levage*; dans cette *Planche* 26, je ne reproduis que trois figures.

Fig. 1ʳᵉ. — *Manière d'ajuster deux limons-croches à une courbe.*

Lorsqu'on a présenté la courbe sur l'épure, on a fait paraître sur le dedans la ligne de milieu du jour ou centre.

On couche la courbe sur son dos; de la ligne de centre ₼, on porte une ligne parallèle prise à volonté à droite et à gauche; on fait une petite entaille à la rencontre de cette parallèle, à l'arête de dessus et à l'arête de dessous; on place une règle C sur ces deux entailles, et on met la courbe de *niveau*; on a soin aussi de mettre la courbe de devers suivant le centre ₼; cette courbe étant de niveau et de devers, on prolonge la ligne de centre ₼ indéfiniment, et à droite et à gauche de cette ligne, on porte la moitié de la largeur du jour B et D, pris au dedans du chiffre; on place ensuite aux joints les limons M N, et on plombe la face de chaque limon sur cette ligne de face du jour, en mettant en même temps les lignes de hauteur de contre-marches perpendiculaires, et la face du limon de devers suivant sa *plumée*.

Lorsque ces limons sont bien sur ces lignes et de devers, on *tablette* les joints jusqu'à ce qu'ils joignent parfaitement, ce qui s'obtient ordinairement à la deuxième fois.

Fig. 2ᵉ. — *Manière d'ajuster les courbes par herse.*

Les courbes étant présentées sur l'épure, les lignes de centre, les perpendiculaires des marches marquées sur la courbe, on observera de ne pas oublier les *plumées* de devers.

On place la première courbe A perpendiculaire, comme si elle était au levage; on a soin de la mettre de devers suivant sa *plumée*, et perpendiculaire suivant les lignes déjà tracées; pour la maintenir solidement, on peut la mettre à une presse d'établie ou bien la charger par quelques morceaux de bois; enfin, il faut que cette courbe ne soit pas sujette au moindre dérangement. On place l'autre courbe B sur le joint de la courbe A, et on observe le même système déjà décrit à la courbe A, c'est-à-dire qu'il faut la mettre de devers suivant sa plumée, comme elle est fixée par le fil-à-plomb C, et perpendiculairement suivant les lignes déjà tracées; maintenant, pour la mettre à l'écartement de sa largeur de jour, on fait l'opération suivante:

On fixe deux crans de marche à volonté; supposons les crans des marches ⋔ et ⋔; on mène une ligne droite P, en plan, de la marche ⋔ à la marche ⋔; à l'extrémité de cette ligne P et au point de la marche ⋔, on élève une perpendiculaire R, indéfinie; on prend à l'échelle la hauteur de la ⋔ à la ⋔, que l'on porte sur la perpendiculaire R, et on joint ce point au cran de marche de G en D; avec un liteau, on prend cette longueur G D, que l'on porte sur les courbes A B, et que l'on pose sur les crans ⋔ et ⋔; il faut que cette longueur G D se trouve juste avec la distance des crans ⋔ et ⋔.

Fig. 5. — *Manière d'ajuster deux limons croches.*

Les mêmes observations étant maintenues pour les plumées de devers et lignes de centres.

On place le limon croche A sur son dos, et on met sa partie droite de niveau et de devers, comme elle est figurée par le niveau C; avec un cordeau ou règle, on prolonge indéfiniment la ligne de centre B, et l'on a soin de placer une cale ou *chantier* D au niveau du dessus de la partie droite du limon croche; sur cette ligne B prolongée, on porte la hauteur des marches jusques à la 14, 15, etc., ou jusqu'à celle qui se trouve le plus en avant sur le limon croche qui doit s'ajuster; on place le limon croche E sur le joint du limon A, et avec un niveau F, on met la partie droite du limon E de niveau et de devers; on prend ensuite un liteau G que l'on a soin de couper juste au dans œuvre du jour de l'escalier, et on reporte cette longueur de liteau G, du dessus du chantier D, placé au niveau du dessus du limon croche A, juste au dessous de la partie droite de l'autre limon croche E, et on plombe les lignes de hauteur qui se trouvent sur le limon croche, juste sur les hauteurs que l'on a fait paraître sur la ligne B, en observant le numéro d'ordre. (Voyez le fil-à-plomb N qui est perpendiculaire à la marche 14.) Pour mettre le limon croche à l'écartement qu'il doit avoir, on opère ainsi: on fixe un cran de marche; supposons la marche 12, on prend l'écartement de la ligne de centre ou milieu de cage jusqu'au cran de la marche 12 (Voyez la ligne P); on élève cette ligne perpendiculairement au cran et au centre en P̄, et on la coupe par la hauteur de contre-marche 12; le croisillon R, étant le point qui figure le cran de la marche 12, il faut que lorsque le limon croche E est placé sur le limon croche A, le cran de la marche 12 soit perpendiculaire au croisillon R; pour toute vérification, on place une règle au-dedans du limon croche E, sur la ligne de centre ₼, et on la *plombe* juste des deux bouts sur le centre ₼, en plan; il faut que ce centre de limon croche corresponde parfaitement avec le centre en plan.

Pl. 26.

Opérations Pour

Fig 1 ajuster deux limons courbes à une courbe.
Fig 2 ajuster deux courbes ensemble par herse.
Fig 3 ajuster deux limons courbes ensemble.

Fig 1

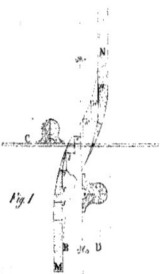

Fig 2

Fig 3

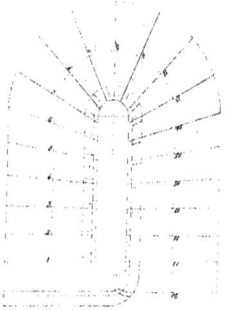

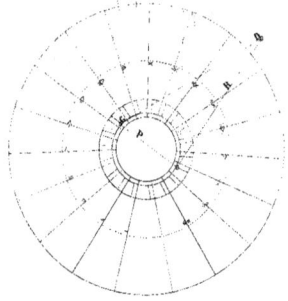

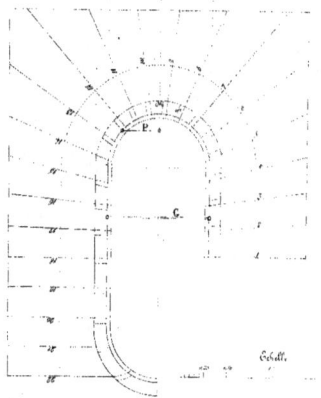

Echelle

DE L'ASSEMBLAGE DES COURBES.

La figure 1re de la *Planche* 27 indique la manière d'ajuster deux courbes ou limons sur l'épure, en mettant les courbes en élévation.

Cette manière de mettre les joints dedans est très-simple, et elle est cependant bien juste ; il suffit, lorsque les courbes sont présentées sur l'épure, les crans des marches tracés et le débillardement dégrossi, de placer la première courbe **A** en élévation sur le plan par terre, de manière que le cintre de la courbe corresponde parfaitement au cintre du plan ; que la face intérieure de la courbe soit de *devers* et les lignes des marches perpendiculaires aux marches en plan, chacune sur son même numéro ; la courbe étant ainsi placée, on doit la rendre solide du mieux qu'il est possible, en la consolidant avec des *bisaiguës* ou tréteaux, et en la chargeant sur son devant, afin qu'elle ne remue pas ; on place ensuite la deuxième courbe **B** sur la courbe **A** ; on a soin aussi de l'étayer de tout côté, afin de pouvoir la soutenir ; on la place perpendiculairement sur le cintre, de sorte que le cintre de la courbe corresponde parfaitement au cintre du plan, en observant toutefois de la mettre de devers, et de mettre aussi les lignes des marches perpendiculaires au plan ; et cependant il faut avoir soin de la tenir éloignée du numéro des marches, de la distance du bois qu'il y a à tableter ; lorsque cette courbe **B** se trouve ainsi placée, on *tablette* le joint jusqu'à ce qu'il joigne parfaitement.

La figure 2 indique la manière d'ajuster deux courbes couchées.

Parmi les Charpentiers le plus grand nombre se servent, pour ajuster les courbes, de la manière que nous venons de démontrer à la figure 1re. Cependant je ferai observer que dans certains escaliers ce n'est pas très-économique ; la raison est, que si on a deux courbes à ajuster, qu'elles soient longues et de forte dimension, on est obligé d'avoir recours à de grands tréteaux, de longues étaies, et même d'établir des sabots à poulie pour pouvoir les monter l'une sur l'autre ; enfin cette opération demande beaucoup de temps, et on est beaucoup plus sûr de réussir dans l'opération suivante :

Pour faire cette opération, les courbes étant tracées intérieurement et extérieurement, les plumées de devers faites, on couche la courbe **A** à volonté sur une des lignes de marches, supposons la marche 6 ; on doit maintenant considérer cette marche comme centre ; on place le niveau **C** sur la ligne de la marche 6, ligne **D**, et on met la courbe de devers ; on a soin aussi de la mettre de niveau de la même manière qu'à la *Planche* 26, fig. 1re ; on prolonge indéfiniment la ligne **D** ; sur cette ligne **D**, on porte les hauteurs des marches 10, 11, 15, etc ; sur le cran **F** de la marche 10 en plan, on abaisse une perpendiculaire jusqu'à la ligne **O** ; on en fait de même à la marche 15, **EG** ou à toute autre ; on place la courbe **B** sur la courbe **A**, et on prend la distance **GE** et **FO**, et on les porte sur la ligne de hauteur de marche 10, **F̄**, et de la marche 15, **Ē** ; il faut ensuite que le bec des crans des marches 10 et 15 soit perpendiculaire à ces points de croisillon **F̄ Ē** ; il faut aussi avoir une règle **J**, la placer intérieurement de la courbe et sur le centre ∿ ; avec le niveau **R**, mettre la ligne de centre de niveau et placer ce centre perpendiculairement sur la ligne de centre ∿, du plan ; pour vérification d'écartement de courbe ∿, les lignes **EG** et **OF** peuvent servir de point de hauteur, en les rapportant avec un liteau de sur le niveau de la ligne **D**, au point **F̄** et **Ē**. (On peut mettre ces joints dedans hors de l'épure.)

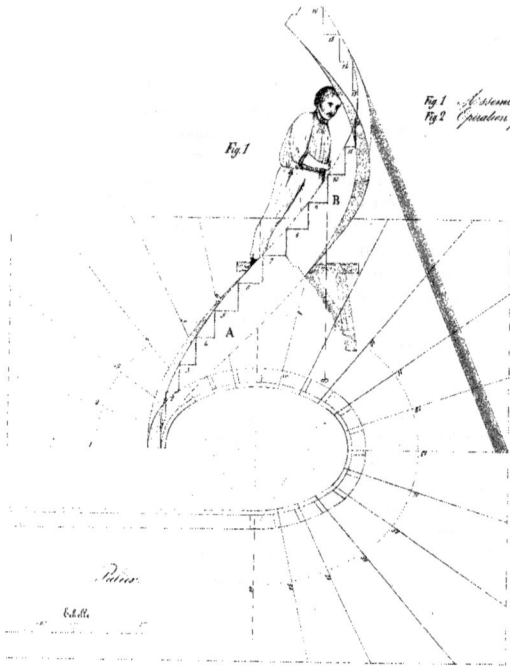

Fig 1 *Assembler les courbes sur tapers.*
Fig 2 *Opération pour assembler les courbes sur bois.*

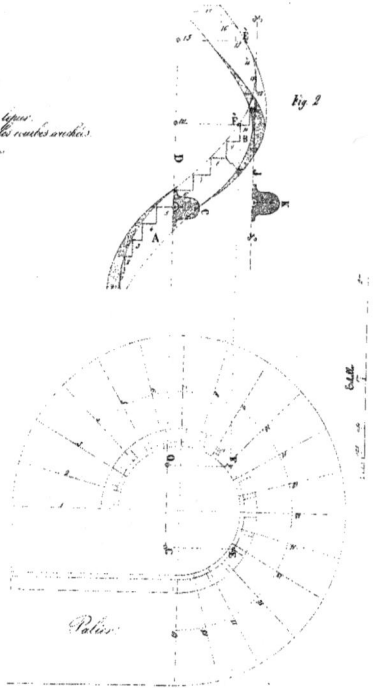

Fig 1

Fig 2

B

A

D
C
A
B
E

Palier.

Échelle.

Palier.

PLANCHE VINGT-HUITIÈME.

ESCALIER A ONGLET, MARCHES MASSIVES,

DIT A L'ANGLAISE.

Plusieurs Charpentiers et autres ouvriers de différents états se font de l'escalier à onglet, marches massives, une idée bien différente de ce qu'il est. Il ne faut pas que l'ouvrier se déconcerte ; je vais prouver que le moins expérimenté d'entre eux peut parfaitement comprendre son établissement, qui est un des plus faciles.

D'abord, le plan par terre **A** est le même que celui de l'escalier demi-onglet, cependant avec cette différence que l'on n'a besoin que de la saillie de l'astragale, et l'épaisseur de l'échiffre n'est comptée pour rien.

On fait l'élévation totale de la courbe intérieure **C** ; et sur l'élévation **Č**, on porte une parallèle au fond de chaque marche, et on mène une ligne droite ou sinueuse passant sur tous ces points ; cette ligne est le dessous du débillardement ; on opère de même pour la courbe extérieure **D Ď**, ces deux élévations sont suffisantes pour pouvoir tracer toutes les marches qui composent cet escalier ; il suffit de relever un panneau **G** pour tracer toutes les têtes de marches de la courbe intérieure, et un panneau **F** pour les marches de la courbe extérieure ; on place ces panneaux **G F** aux deux extrémités de la pièce qui doit servir pour faire la marche, et on trace suivant cedit panneau.

Les deux extrémités de la marche étant tracées, on trace aussi le joint à repos **J**, et on mène deux lignes droites des extrémités des joints, afin que les deux crochets se trouvent parallèles ; on a soin, lorsque cette marche est ainsi tracée, d'avoir un panneau pour le cintre de la courbe intérieure et extérieure ; on peut obtenir ce cintre en établissant la marche par trait gauchement ou sur l'épure. Dans les escaliers à jour ralongé ou ayant quelque partie droite, et les marches se trouvant balancées, le dessous du débillardement n'est plus une ligne droite comme dans cette *Planche* 28, fig. **D** ; on peut prendre le cintre que forme cette élévation avec un panneau, et le porter sur chaque marche séparément, en ayant soin de faire un panneau pour chaque tête de marche, si le cas l'exige ; la figure **E** offre deux marches vues en perspective, boulonnés. Il faudrait suivre ce système, comme étant un de ceux qui offrent le plus de solidité.

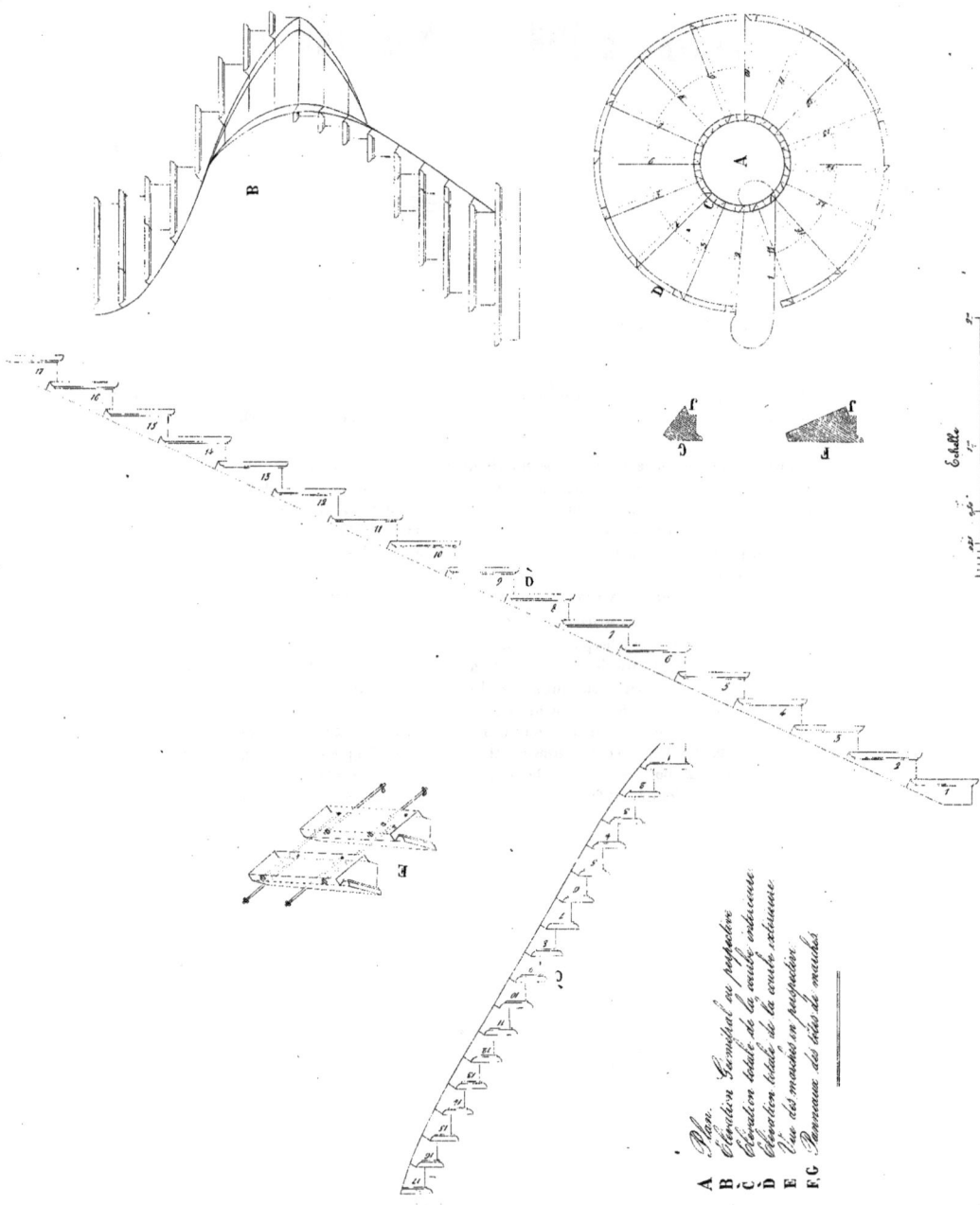

A *Plan.*
B *Élévation Générale en perspective.*
C *Élévation totale de la courbe intérieure.*
D *Élévation totale de la courbe extérieure.*
E *Vue des marches en perspective.*
F.G *Panneaux des têtes de marches.*

COUPOLES, JOURS CIRCULAIRES ET JOURS OVALES

ELLIPTIQUES.

Lorsqu'un escalier ne peut être éclairé sur aucune des faces du bâtiment, et que l'on ne peut prendre le jour que par le comble, on pratique dans cedit comble des ouvertures que l'on dispose de manière à recevoir un chassis en fer, pour pouvoir placer le vitrage qui doit éclairer l'escalier. Il y a plusieurs manières de faire ces jours ou lanternes: les deux genres que nous reproduisons sont les deux qui conviennent le mieux par leur forme élégante.

Figure 1re. — *Coupole circulaire.*

Pour construire cette coupole, il faut décrire un circulaire **A** de la grandeur de la cage, en décrire un autre **B** pour la grandeur du jour; on divise sur la ligne du circulaire **A** les demi-sicles qui composent cette coupole, en observant bien que la distance de l'un à l'autre ne dépasse pas 50 à 60 centimètres; le circulaire **A** se compose de planches dont le cintre est débité à la scie; ces planches sont arrêtées l'une sur l'autre avec des clous, et les joints entrecoupés, comme nous les présentent les figures 2 et 3; le circulaire **B** est aussi composé de planches cintrées, arrêtées ensemble avec des clous. L'élévation de la coupole (fig. 4) se compose de deux demi-sicles, arc de cercle **C D**, taillés à *barbe*, pour être placés sur le circulaire **A**, et d'une autre entaille aussi à *barbe*, pour recevoir le circulaire **B**; sur ce circulaire **B**, on place des potelets **E** pour former un tube auquel on doit donner le moins de hauteur possible, pour que la pénétration du jour ne soit point interceptée; et sur cesdits potelets, on place un troisième circulaire **G**, sur lequel est arrêtée la charpente en fer; les figures **R S** sont les coupes de deux demi-sicles; il faut observer que lorsqu'il y a une partie de la coupole en dehors du comble, il faut que cesdits demi-sicles soient extradossés, afin de pouvoir latter plus facilement; il faut avoir soin de placer, entre chaque demi-sicle, une *lierne* **N** pour les consolider et empêcher, par ce moyen, qu'ils ne se contournent; ces demi-sicles sont aussi composés de deux planches arrêtées l'une sur l'autre avec des clous.

Figure 2e — *Coupole ovale elliptique.*

Le tracé de la coupole jour ovale, placée dans une cage rectangulaire, offre à l'ouvrier beaucoup plus de difficultés; d'abord, le grand cintre ralongé **A B** consiste en deux parties circulaires raccordées par des parties droites; la construction de ces cintres s'obtient comme ceux de la coupole circulaire; ils sont arrêtés l'un sur l'autre avec des clous; pour la construction du jour ovale (Voyez *Planche* 11, figure 2), on divise de même les demi-sicles de 50 à 60 centimètres sur le cintre ralongé **A B**; on en fait de même sur le jour ovale, et on mène une ligne de ces deux points de division; tous ces demi-sicles se trouvent placés obliquement, il est donc urgent de prêter la plus grande attention à leur établissement. L'expérience nous a démontré qu'au lieu de faire l'élévation de chaque demi-sicle, et de cintrer par les mêmes opérations que l'on emploie dans un dôme quadrangulaire, c'est-à-dire par lignes aplomb et lignes de niveau, et suivant ensuite les nœuds de ces élévations, pour obtenir le cintre; l'expérience, dis-je, nous a prouvé qu'en suivant ce système, la voûte fait toujours quelque jarret. Il est donc préférable de faire l'élévation de chaque demi-sicle et de le décrire par un arc de cercle; on est assuré que la voûte ne fait aucun jarret et qu'elle est parfaitement régulière. Pour faire l'élévation de ces demi-sicles, n° 7, on élève aux extrémités **C D** une perpendiculaire indéfinie; on monte également les lignes perpendiculaires de l'intérieur du cintre, de la ligne **J**, prise pour base; on porte la hauteur de la voûte en **L**, et sur la droite **L O**, on élève une perpendiculaire par un double trait carré, et la rencontre de ce trait carré sur la ligne **J** est le centre **N**; de ce point de centre, avec une ouverture de compas de **N L**, on décrit l'arc de cercle **L O**, en observant de laisser une *barbe* en **O** pour arrêter le pied du demi-sicle, et une autre *barbe* en **L** pour recevoir le cintre ovale. On fait la même opération pour tous les autres demi-sicles, en observant de prendre le reculement à chacun, et la rencontre de tous les traits carrés sur la ligne **J** seront les centres pour décrire le cintre; pour les demi-sicles qui se trouvent placés obliquement, on prend de même la longueur à l'intérieur du cintre comme **U S**, et on a soin d'y faire paraître aussi les deux faces du demi sicle, afin que la coupe biaise puisse bien se tracer; on peut aussi tracer ces coupes en les prenant avec une *sauterelle*; les demi-sicles, numéros 11 et 7, se trouvant en partie hors du comble, on peut les extradosser, et les numéros 19 et 1 présentent les cintres qui sont dans l'intérieur du comble; ainsi, n'étant pas apparent, on peut éviter de les extradosser; puisque dans cette coupole nous figurons le cintre ovale au-dessus du tube, placé suivant la rampe du comble, il faut faire attention que ce genre de construction est préférable à celui de la fig. 1, parce que le tube ne s'élevant au-dessus du comble que de quelques centimètres seulement, le vent ayant beaucoup moins de prise, la coupole n'est point aussi susceptible à être déconsolidée; pour l'opération de cet ovale, placé de pente, on suit ce principe: la rampe du comble et l'emplacement du cintre, étant fixés par **E F**, on élève perpendiculairement à la ligne **G** les quatre angles qui composent l'occupation du cintre, comme **1, 2, 3, 4**; la longueur de l'ovale étant déterminée par ces lignes, la largeur est la même que celle en plan; on décrit les ovales en les traçant, l'un sur la ligne du *démaigrissement*, et l'autre sur la ligne du *rengraissement*, de manière que le cintre ovale se trouvant *délardé*, ce délardement se trouve perpendiculaire au tube.

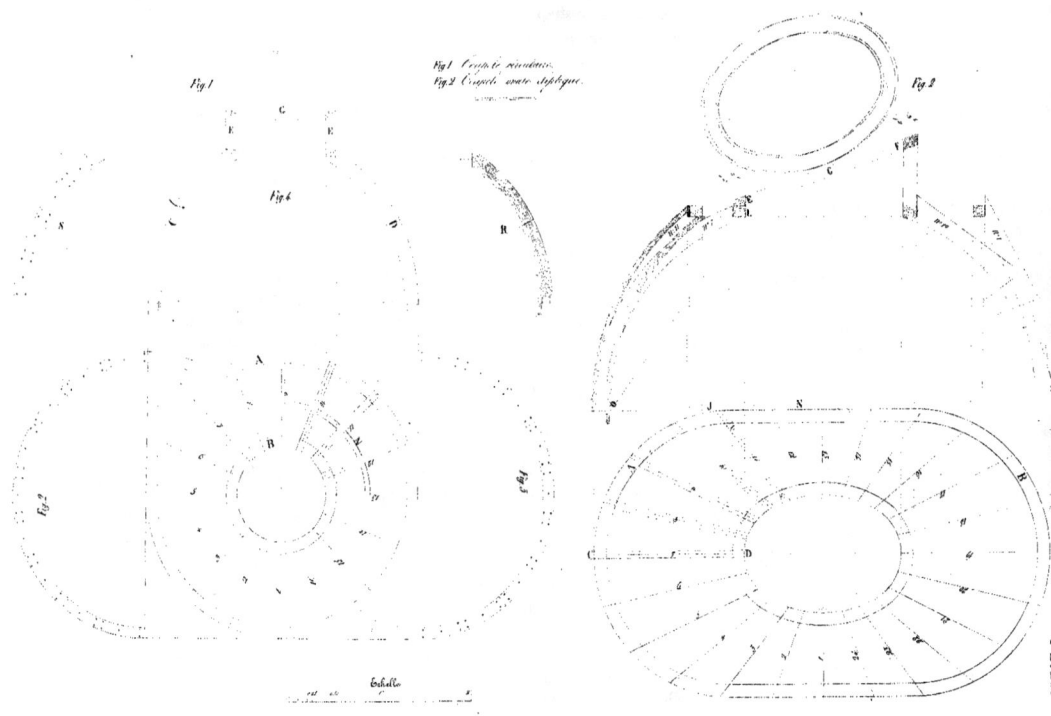

Fig 1 Coupe circulaire.
Fig 2 Coupe demi-elliptique.

Fig 1

Fig 2

Fig 4

Fig 3

Fig 5

Echelle

DÉTAIL COMPLET DE L'ESCALIER DEMI-ONGLET.

Nous avons déjà vu précédemment dans les planches relatives aux escaliers à demi-onglet toutes les manières que l'on peut employer pour la construction de ce genre d'escaliers ; mais pour que l'ouvrier se pénètre encore davantage de son exécution , nous allons en faire le détail complet :

Lorsqu'on a figuré le plan par terre , la division des marches faites et le balancement effectué , on procède à l'élévation des limons et courbes ; on doit porter une grande attention en faisant ces élévations ; pour les élévations (Voyez *Planche* 20) , lorsque ces élévations sont faites , on débite les bois qui sont propres à cela faire et on les place sur l'élévation pour les établir. Pour l'établissement des courbes (Voyez *Planche* 16) , lorsque ces courbes sont établies on les rencreuse à la scie , ou en piochant à la cognée ou herminette à gouge, ayant soin de travailler l'intérieur juste au cintre déjà tracé ; on place ensuite ces courbes rencreusées sur l'épure pour s'assurer si le cintre est exact avec le cintre en plan ; s'il n'y a pas à retoucher, on plombe intérieurement et extérieurement le dedans et derrière des crans de marche. (Voyez *Planche* 23 , fig. P.) Lorsque les courbes et limons sont ainsi tracés et les *plumées* de devers faites , on porte 14 à 15 centimètres au dessous du fond de recreusement de chaque marche, et on trace ainsi la ligne du débillardement que l'on dégrossit pour avoir plus de facilité aux traces des joints auxquels on opère immédiatement. Pour les tracer (Voyez *Planche* 21) , lorsque les joints sont tracés au dedans et au dehors de la courbe on les scie suivant les lignes tracées, en observant de laisser au joint de repos , où à celui qui est pour être ajusté au limon ou à la courbe stable , environ 7 à 8 millimètres de bois en sus de ces lignes de joint pour pouvoir tableter ledit joint ; car il est rare qu'un charpentier trace des deux joints juste , sans avoir besoin de tableter ; lorsque ces joints sont faits à la scie on les ajuste. Pour les ajuster (Voyez *Planches* 26 et 27) , après avoir assemblé ou mis les joints dedans , on y place des goujons pour maintenir le devers des deux courbes ou limons ; ces goujons consistent en deux chevilles rondes de 2 centimètres de diamètre , placées sur les deux faces du joint , parallèlement à la face intérieure de la courbe ; il faut que ces goujons soit placés aux joints d'attente ; lorsque les joints sont assemblés et goujonnés on les maintient assemblés provisoirement avec deux crochets ⌐ ; avec le cordeau on trace la direction du boulon , ce boulon doit être toujours placé parallèlement à la ligne du débillardement ; cependant , dans certaines positions de joints , on ne doit pas toujours suivre ce parallèle de débillardement, principalement aux joints des départs et arrivées , car dans cette position le boulon n'aurait aucune force ; ce boulon doit être fait avec du fer de première qualité à écrou d'un bout et clavette de l'autre ; les écrous doivent être faites à six ou huit pans , pour ne pas être obligé de faire de trop grandes entailles dans les courbes qui souvent deviennent très vicieuses ; on peut même faire ces boulons avec écrou de chaque bout , cela donne la facilité de serrer le joint plus facilement ; il ne faut pas que ces boulons dépassent en grosseur 2 centimètres et demi. Lorsque ces joints sont boulonnés, on procède au débillardement définitif ; le débillardement est en partie ce qui donne l'élégance à l'escalier ; ainsi l'ouvrier doit y porter toute l'attention possible , car chaque espèce d'escalier a son débillardement différent. Dans un escalier circulaire le débillardement est très facile ; il suffit de le mettre à l'équerre dans toute sa longueur ; cependant aux arrivées on peut faire maigre sur le derrière d'un demi-centimètre pour donner un peu plus de grâce à l'œil ; il n'en est pas de même dans les escaliers où les marches sont balancées, d'abord de faire suivre au débillardement le balancement des marches que la face du débillardement suivi l'alignement des plâtres ; en suivant ce système , il survient que les arêtes des courbes ou limons sont très aigues , de manière que le moindre coup peut les faire éclater ; d'ailleurs il est rare que les charpentiers suivent ce principe ; il faut donc pour un débillardement , au départ , le mettre à l'équerre au premier centre : nous appelons centre la rencontre de la partie droite avec la partie courbe et la ligne du milieu de la cage d'escalier ; il faut donc au premier centre le faire gras de 2 centimètres ; pour les chiffres de 10 centimètres d'épaisseur ; on proportionne maintenant suivant les épaisseurs en raccordant à l'œil depuis le départ jusques au deuxième centre ou milieu de la cage que l'on a eu soin aussi de mettre à l'équerre ; de ce deuxième centre au troisième , et sur le troisième centre on laisse 2 centimètres maigre sur le derrière que l'on raccorde encore à l'œil avec le deuxième et le quatrième centre au centre de la plate-bande. On laisse au centre du sabot ¼ centimètre maigre en se raccordant toujours au quatrième centre et au centre de la plate-bande , et la plate-bande doit toujours être d'équerre dans toute sa longueur ; lorsque l'escalier est ainsi débillardé on le tire d'échantillon parallèle au dedans de la courbe.

Cependant en suivant ce principe pour les escaliers de dégagement , comme café , magasin , etc. , on doit les refouiller de 5 ou 6 centimètres d'épaisseur ; ceux de petite maison bourgeoise où les cages ne sont pas très grandes , on doit mettre de 7 à 8 centimètres d'épaisseur, et les escaliers d'hôtels ou grandes maisons bourgeoises où les cages sont vastes , on met de 9 jusques à 12 centimètres d'épaisseur ; il faut observer de rencreuser le débillardement d'une arête à l'autre arête de 5 millimètres dans toute sa longueur, lorsque l'escalier est ainsi débillardé on y établit un patin droit ou croche si le cas l'exige. Pour l'établir (Voy. *planche* 25) , lorsque ce patin est assemblé on scie les crans et on assemble ensuite la plate-bande à la marche palière que l'on a soin d'arrêter avec des boulons , la tête encastrée et polie.

Lorsque l'on met l'escalier au levage , on fait en sorte de le placer tel qu'il a été établi , c'est-à-dire que les centres soient perpendiculaires et les faces de devers ; on place ensuite les crémaillères ou faux limons , le premier cran doit être de niveau au cran de la courbe ; au centre de la cage on doit toujours laisser 1 centimètre ou 2 de pente de la courbe au faux limon , car les courbes au centre font toujours un mouvement et s'affaissent plutôt que de remonter, au lieu que le faux limon étant arrêté avec des pattes n'est point susceptible à se déranger.

Lorsque le chiffre et les faux limons sont arrêtés et mis en place ; on met les marches sur le faux limon et sur le limon ou courbe , et on encastre cesdites marches dans la courbe ou limon de la saillie du giron que l'on a observé en plus à l'établissement des marches ; la contre-marche se place sur la marche à rainure dessus et dessous , et est coupée à onglet ou suivant le cran de la courbe ou limon pour l'assemblage du cintre de la contre-marche (Voy. *Planche* 17 , fig. 3) , et pour le profil de la marche (Voy. *Planche* 23 , fig. D et *Planche* 22 , fig. 6) . Pour que l'escalier ait l'élégance qui lui convient , il faut que la saillie du filet et du giron soit parfaitement parallèle au cintre de la courbe , et que toutes les têtes des marches aient la même saillie.

Lorsque ces escaliers se trouvent placés dans une cage où il n'y a que des cloisons circulaires ou carrées , on place , du limon aux poteaux qui forment la cage , des boulons d'écartement afin que les marches ne se séparent pas de la cloison.

TABLE

DES PLANCHES DE L'ATLAS.